U0286421

住房城乡建设部土建类学科专业『十三五』规划教材
全国住房和城乡建设职业教育教学指导委员会建筑与规划类
专业指导委员会规划推荐教材

建筑造型基础

（建筑设计专业、建筑装饰工程技术专业适用）

本教材编审委员会组织编写
姜铁山 主 编
张大治 副主编
季 翔 主 审

中国建筑工业出版社

图书在版编目（CIP）数据

建筑造型基础／姜铁山主编．—北京：中国建筑工业出版社，2018.6（2024.6重印）
住房城乡建设部土建类学科专业“十三五”规划教材．全国住房和城乡建设职业教育教学指导委员会建筑与规划类专业指导委员会规划推荐教材（建筑设计专业、建筑装饰工程技术专业适用）
ISBN 978-7-112-22354-1

Ⅰ．①建… Ⅱ．①姜… Ⅲ．①建筑设计－造型设计－职业教育－教材 Ⅳ．①TU2

中国版本图书馆CIP数据核字（2018）第133459号

《建筑造型基础》是一本全新的高职建筑设计专业造型基础课程教材，教材内容突破了传统知识结构与训练体系，主要针对“建筑设计专业”与学生“零造型基础”的实际而编写，目的是在有限的时间内大幅度提高学生造型能力。《建筑造型基础》在编写上做了很多创新，注重实践与能力培养，既有常规的训练内容，又有针对性较强的建筑造型训练内容，融入构成与设计的若干知识，是当下最适合建筑设计专业造型训练的教材。《建筑造型基础》主要内容包括素描与色彩两大板块，素描内容在常规的结构素描与全因素素描训练的基础上，加入与建筑相关的造型分解与重组训练、立体空间造型训练和建筑景观造型训练，这些内容完全围绕着以建筑造型与空间设计为中心，具有很强的实用性。色彩内容主要有色彩基础知识、色彩写生的颜料、工具及技法、水彩静物与色彩的分解与重组训练、水彩风景造型训练、设计色彩造型训练，其中色彩基础知识、水彩静物与色彩的分解与重组训练和设计色彩造型训练是本书最具特色的内容。色彩基础知识单元不是简单的叙述色彩的理论，而是将理论融于实践之中，授课中通过知识讲解与实践一体化的过程，让学生快速掌握色彩规律，并运用到实际绘画与设计中；色彩的分解与重组训练通过对建筑造型结构、色彩的拆分与重构，让学生对色彩的理解与表现同步加强，能够大大提高造型能力；设计色彩造型训练是将学生综合造型能力全面应用的训练环节，是从造型走向设计的过渡性训练内容。

为更好地支持本课程的教学，我们向使用本书的教师免费提供教学课件，有需要者请与出版社联系，邮箱：jckj@cabp.com.cn，电话：01058337285，建工书院：http://edu.cabplink.com（PC端）。

责任编辑：杨　虹　尤凯曦
责任校对：李美娜

住房城乡建设部土建类学科专业“十三五”规划教材
全国住房和城乡建设职业教育教学指导委员会建筑与规划类专业指导委员会规划推荐教材
建筑造型基础
（建筑设计专业、建筑装饰工程技术专业适用）
本教材编审委员会组织编写
姜铁山　主　编
张大治　副主编
季　翔　主　审
*
中国建筑工业出版社出版、发行（北京海淀三里河路9号）
各地新华书店、建筑书店经销
北京雅盈中佳图文设计公司制版
北京中科印刷有限公司印刷
*
开本：787毫米×1092毫米　1/16　印张：12　字数：255千字
2018年6月第一版　2024年6月第七次印刷
定价：45.00元（赠教师课件）
ISBN 978-7-112-22354-1
（32217）

编审委员会名单

前　言

《建筑造型基础》是建筑设计专业重要的基础课程，它担负着造型能力、审美能力和空间创造能力的培养任务，对于专业能力的提高与发展有着深远的影响。建筑本身就是造型艺术，与绘画之间相辅相成、相互渗透，如果脱离了对造型空间与建筑美的感受，就不可能表现出完美、独特的建筑形象。长期以来，造型基础一直是建筑设计人员必须具备的修养和能力。随着社会的发展，建筑职业岗位对建筑人才专业能力的要求越发严格，在这样的背景下，学生必须打下坚实的造型基础才能具备较强的职业能力，成为高层次的技能型人才，从容走向工作岗位，应对社会需求。因此，对于建筑设计专业学生来说，想要具备较强的专业能力和职业能力就必须努力提高造型能力。

当下，建筑造型基础课程从教学到学习都存在着一些不完善的因素，阻碍着学生造型能力的进步与提高，如教学内容不完善、教学方法陈旧、教学缺乏专业针对性等。在这样的背景下，教材对建筑设计专业造型基础教学进行了大量的调研与考证，结合多年的教学与课程改革经验，组织编写了更适合现代高职教育的、更适用于建筑设计专业的、更能够提高学生造型能力与职业能力的造型基础教材——《建筑造型基础》。《建筑造型基础》是为建筑设计专业造型基础课程"量身定做"的教材，教材从总体结构到具体内容的设计上紧紧围绕着建筑设计专业的实用性，具有明确的教学针对性，并且与授课进程保持同步，对于教师教学与学生学习都具有重要意义。全书在结构上分为素描、色彩两个部分，每部分各5个教学单元，每个教学单元都设计了明确的教学目标与授课计划，在内容设置上突显明确的授课模式与课堂形式，即任务式的教学形式，以学生为主体的课堂，能够激发学生的学习积极性；在具体教学内容上打破了传统单一的绘画叙述，将若干构成知识有机地与绘画相融合，并在相应的理论基础上上升到更多实践的层次上，详细介绍更多的实践方法，让学生更快、更有效、更综合地提高造型能力，同时让学生的空间意识与创造力得到更大提高。希望通过《建筑造型基础》一书给学生的学习带来巨大帮助。

本书编写分工如下：

姜铁山　第一部分教学单元1、教学单元4、教学单元5，第二部分教学单元6、教学单元9；

张大治　第一部分教学单元3，第二部分教学单元8；

闵兴伟　第一部分教学单元2，第二部分教学单元7；

关志敏、李卓、夏莲、王丹芳　第二部分教学单元10。

教材在编写的过程中得到了哈尔滨师范大学美术学院张玉新老师、佳木斯大学杨国林老师、佳木斯大学孙海佳老师、哈尔滨剑桥学院周幸子老师、黑龙江建筑职业技术学院石海涛老师的鼎力支持与帮助，在此表示诚挚的谢意！

本书编写历时两年，虽竭尽全力，但缺点和不足在所难免，在今后的教学实践中，我们会不断完善和修改，并期待广大读者给予批评和指正。

目　　录

第一部分　素　描

第二部分 色 彩

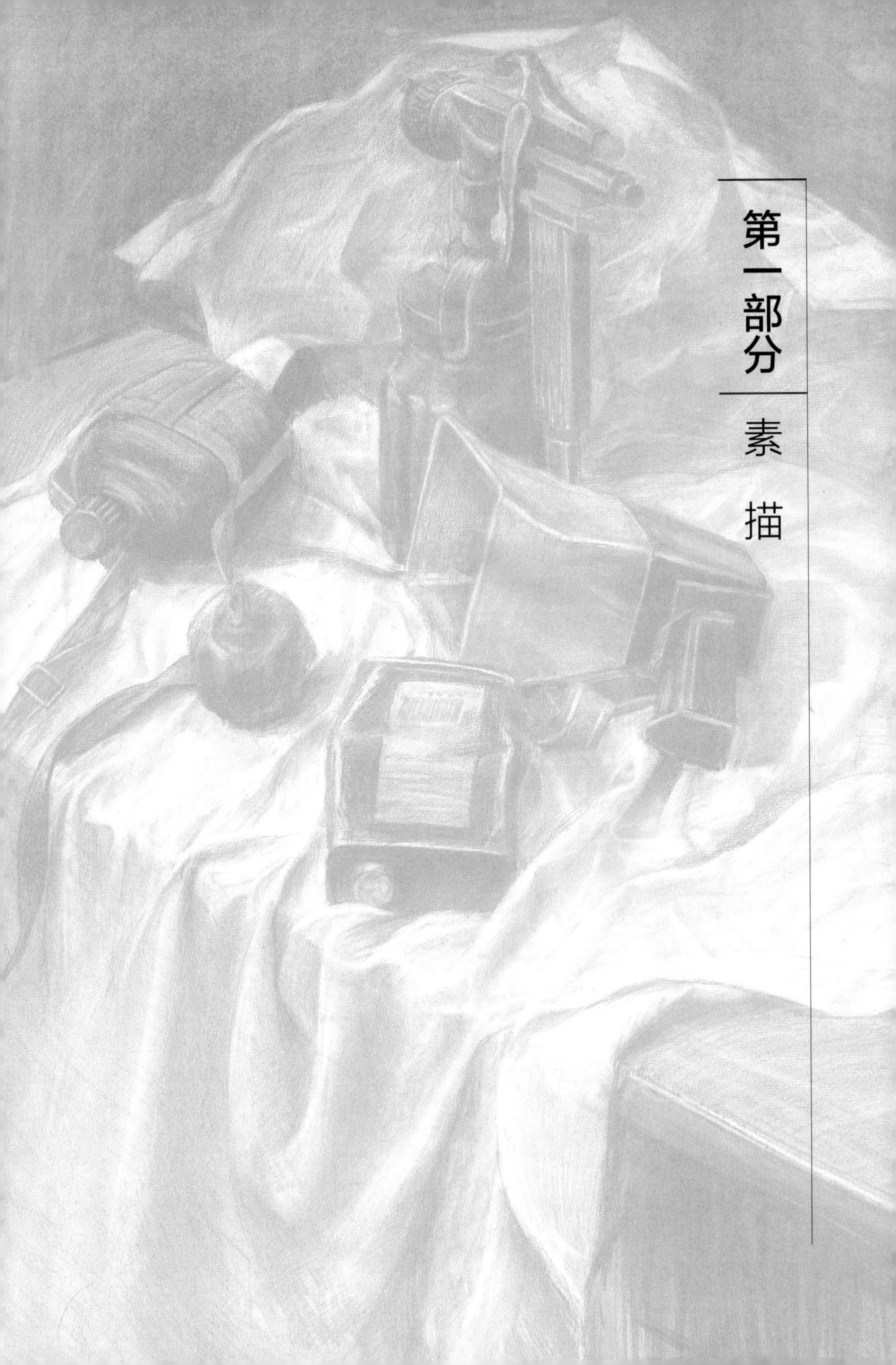

第一部分

素描

素描造型能力概述

建筑设计专业学习素描的意义

建筑属于造型艺术，在建筑造型设计过程中造型能力将起到至关重要的作用，而素描是造型艺术的基础，建筑设计专业学生学习素描，将对其专业造型表现起到重要作用及深远影响。

素描造型训练的总体目标

通过与专业相适应的系列任务的训练，使学生掌握素描的原理、规律及表现方法，最终达到能够绘制相关专业造型的能力，为专业设计表达奠定造型基础。

专业能力目标

通过训练达到能够独立表现静物造型与建筑景观造型的能力，具备造型默写能力与空间设计能力，最终能够将素描造型能力转化为专业造型能力。

知识目标

理解素描基础知识和原理，掌握物体透视变化、结构关系、明暗关系与空间关系；掌握造型分解与重组的方法；掌握素描的表现方法与绘画步骤；掌握空间造型设计与表现的方法。

社会和方法能力目标

通过素描造型基础综合训练，使学生掌握造型能力的同时，培养学生细致刻画、精益求精的耐力与意志，提高审美能力，挖掘学生的观察力、创造力与设计才能。

1

教学单元1 素描基础知识

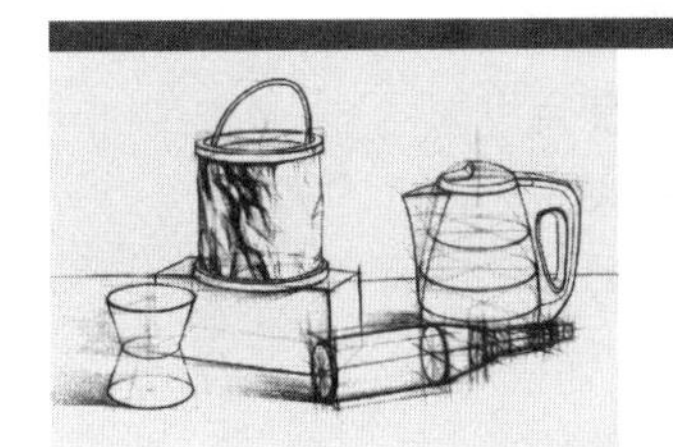
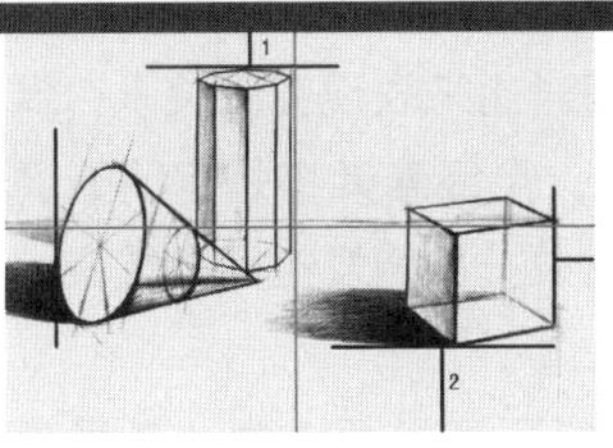

教学目标与计划

学时	教学目标和主要内容			
	能力目标	知识目标	主要内容及说明	课下作业
4	1.掌握透视方法.能够运用简单的线条表现正方体与圆柱体的各种透视关系; 2.能够运用简单的平面图形组织构图	1.理解素描的概念及分类，了解基本工具; 2.掌握透视原理及绘画的观察方法，理解形体结构的概念; 3.掌握构图的基本原则及形式; 4.掌握正确的作画姿势及握笔方法	素描基础知识是主要运用多媒体讲授的理论性课程，教师讲授的过程中要留给学生一定的时间进行透视与构图的练习	1.绘制正方体、长方体、圆柱体的平行透视与成角透视图; 2.利用静物的平面图形组织三角形构图与S形构图各两幅

1.1 素描概述

1.1.1 素描的概念与分类

素描顾名思义就是“朴素的描绘”，通常指以单色线条或块面如实地描绘物象造型的绘画形式。传统意义上的素描一般用铅笔等较为单纯的工具在纸面上进行绘画，主要表现物象的形体空间、块面结构、质感、明暗、虚实等因素，强调事物的“客观性”。随着时代与文化的发展，尤其是在新观念、新思潮的影响下，素描在传统形式的基础上有了新的突破与发展，形成了以现代意识为主体的现代素描。但无论素描如何改变，它的实质始终不会变，即单纯的、朴素的描绘。

素描是造型艺术的基础，也是造型艺术的形式之一，更多的时候是作为造型基础来应用与授课的。在建筑设计专业中，素描作为一门基础课程，主要培养学生的造型能力、审美能力与空间创造能力，为专业设计表现奠定造型基础。

素描从表现手法上可以分为结构素描和全因素素描。结构素描主要采用线来表现物体的结构，通过线条的强弱、粗细对比来表现空间关系，偶尔使用简单的调子来加强体积及空间效果（图1–1）。全因素素描是用明暗调子来表现被画对象，如实再现物象明暗关系、肌理效果、质感及空间等因素，比较接近对象的客观状态，真实感强（图1–2）。

素描从目的和功能上可分为艺用素描和实用素描两大类。艺用素描是指艺术类专业中的素描，也可称之为专业素描，它既是造型基础，又可作为造型艺术的一种形式，对造型和空间效果要求极为严谨，表现手段与技法更为丰富，一切围绕着“美”而进行描绘；实用素描一般作为一些非艺术类专业中的造型基础，比如建筑专业、园林景观专业等，它源于艺用素描又区别于艺用素描，突出“实用性”，往往根据专业需要而决定具体的学习内容与学习种类。本书将着重介绍适合建筑专业学习的素描。

图 1-1（左）
图 1-2（右）

素描从表现内容上分为静物素描、人物素描、石膏像素描、风景素描、动物素描、抽象素描等。

1.1.2 素描的材料和工具

1. 笔

只要能描绘单一色彩的工具都可以用来画素描，最为常用的有铅笔、钢笔、毛笔、碳笔等。初学者用铅笔更好些，由于铅笔的笔芯有软硬、深浅之分，便于深入刻画，也便于修改。

（1）铅笔：铅笔的铅芯有不同等级的软硬区别，硬的以“H”为标志，如 H、2H、3H、4H 等，H 前边数字越大，硬度越强，色度越淡；软的以“B”为标志，如 B、2B、3B、4B、5B、6B 等，B 前面数字越大软度越强，色度越黑。画普通素描的铅笔可选用 HB ～ 6B（图 1-3）。4B ～ 6B 铅笔常常用来画暗部和画面上最暗的地方；B ～ 3B 铅笔一般用来画灰调子；HB 铅笔适合画亮部。

（2）木炭条：木炭条是用树枝烧制而成的，色泽较黑，质地较松，附着力较差，作品成后要喷定画液，否则画面容易掉色（图 1-4）。

（3）炭精条：常见的炭精条有黑色和褐色两种，质地比木炭条坚硬，附着力较强（图 1-5）。

（4）碳铅笔：碳铅笔的用法和铅笔相似，色泽深黑，有较强的表现能力，是画素描的理想工具，但是不易于修改。

图 1-3（左）
图 1-4（中）
图 1-5（右）

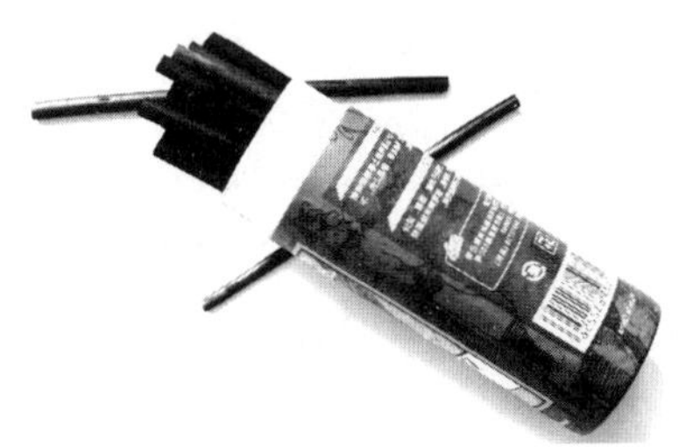

2. 橡皮

绘画用的橡皮是修改画面的常用工具，一般有较软的绘画橡皮和可塑性橡皮两种（图 1–6）。橡皮应尽量选择厚的和柔软的，这样的橡皮对于铅笔痕迹清除能力较强；可塑性橡皮如同橡皮泥，用起来非常方便，它的吸附力很强，便于修改画得过重的部位，主要起减弱铅色的作用。

3. 其他工具

（1）画板

画板一般为木质，有大小区分，初学者选用 4 开画板较为合适。

（2）画纸

画素描要选用专业的素描纸，一般纸面不太光滑且质地坚实的素描纸更好用。太粗、太光滑、太薄的纸都不适合用铅笔画素描。

（3）刀

一般选择普通的美工刀为宜，刀片易于更换。

1.2 造型的基本规律

1.2.1 透视

在日常生活中，我们看到的同样的人和物的形象，由于距离、方位、角度的不同，在视觉中引起不同大小的反映，这种现象就是透视。这里我们所谈及的“透视”是一种绘画中的术语，即绘画透视，是根据物理学、光学等原理运用到绘画中的基本透视常识，研究透视变化的基本规律以及如何将其运用在绘画写生和设计的方法。

透视原理在绘画中应用比较普遍，因为透视客观的存在于一切被观察的对象上。物体在空间中的基本透视规律为“近大远小”，这里的“大”和“小”泛指宽窄、长短、粗细、高矮等单位值的大小，相同大小的物体距离观者越近则显得越大，反之则越小。我们站在长长的马路上会发现近处的道路比较宽，而远处的道路会变得越来越窄，路边的路灯杆离我们最近的一根感觉最长，随着距离渐远，其他的路灯杆会显得越来越矮，这些现象都属于透视（图 1–7）。简而言之，透视就是物体在空间中由于位置、距离与角度的不同，所形成的“近大远小”、“近实远虚”的变化。绘画中常用的透视主要有两种：平行透视和成角透视。

图 1–6（左）
图 1–7（右）

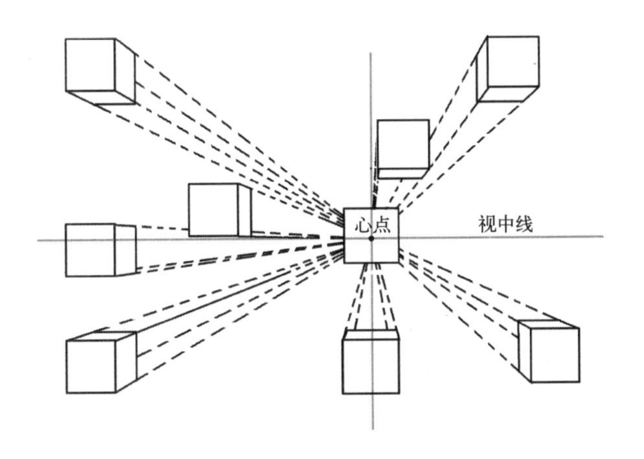

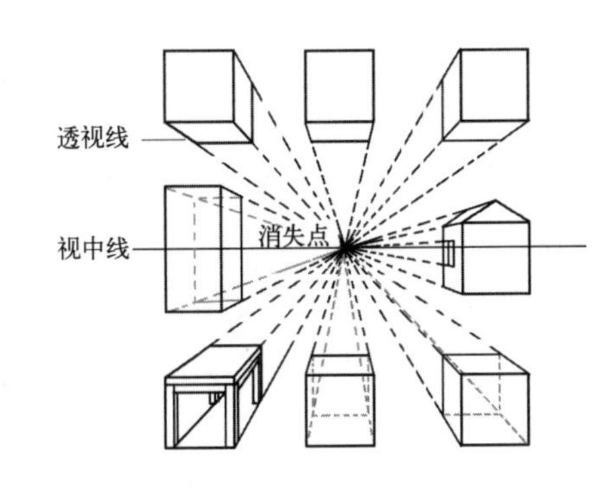

图 1–8（左）
图 1–9（右）

1. 平行透视

平行透视又叫一点透视，以正方体为例，当正方体某一个面与我们面部平行，这时正方体与我们所产生的透视状态为平行透视。平行透视时，正方体上与我们面部平行的边分别为水平方向和垂直方向两种，而且正方体近处的面与远处的面产生了近大远小的变化，前面的边长，后面的边略短；同时前后纵深方向的边随着不断向后延伸，它们的距离会越来越近，直到交汇在一起（图 1–8）。在平行透视中前后纵深方向的线叫作透视线，它们相交汇的点叫作消失点，消失点位于视中线上，而且只有一个，所以平行透视又叫作一点透视（图 1–9）。

2. 成角透视

成角透视又叫两点透视，就是正方体的立面不与画者面部平行，即正方体的四个立面相对于画者倾斜成一定角度，透视线向着后面两个方向发生延伸并产生了两个消失点。正方体成角透视中除了垂直方向的线条外，每一组线条之间均不表现为平行关系，都存在着一定角度的变化（图 1–10）。

3. 圆形的透视

依据正方体的透视规律，圆形也可以分为平行透视和成角透视。我们在正方体的每个正方形面上个建立一个正圆形，然后观察每个面上的圆形透视变化（图 1–11）。我们可以看到圆形发生透视后，呈现出的是各种椭圆形，距离我们近的半圆略大一些，距离远的半圆要略小一些，弧线平滑而均匀。这些透视上产生的变化都是围绕着“近大远小”的规律发生的。

图 1–10（左）
图 1–11（右）

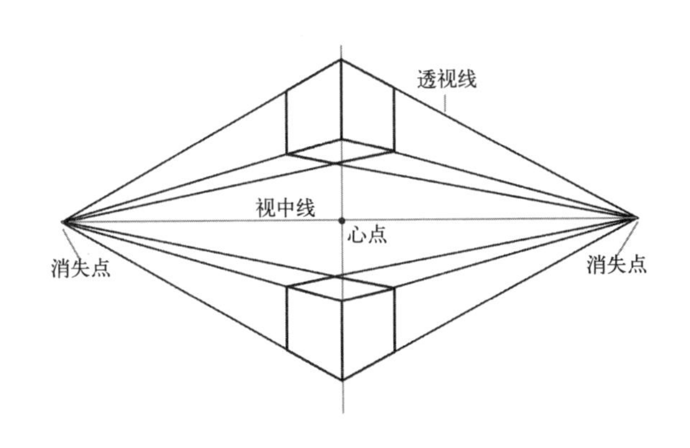

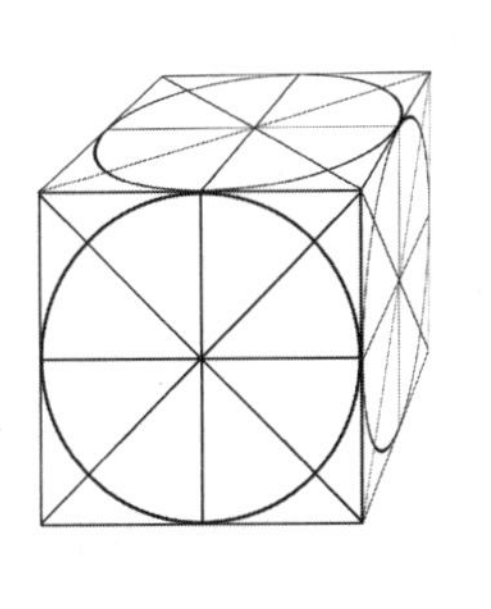

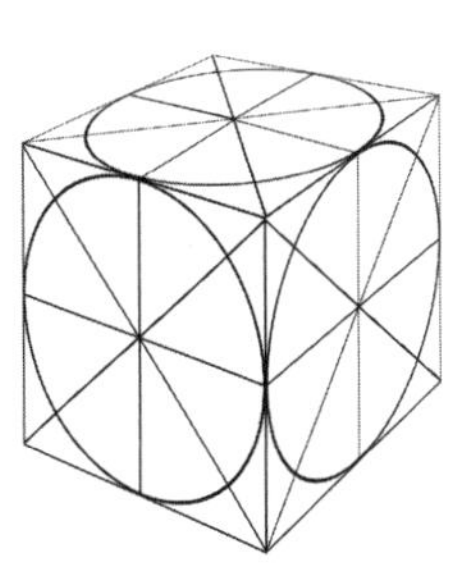

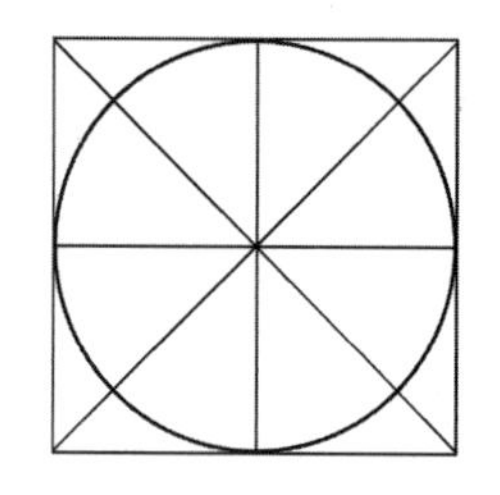
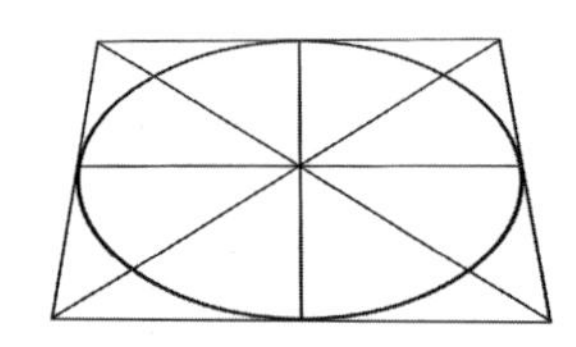
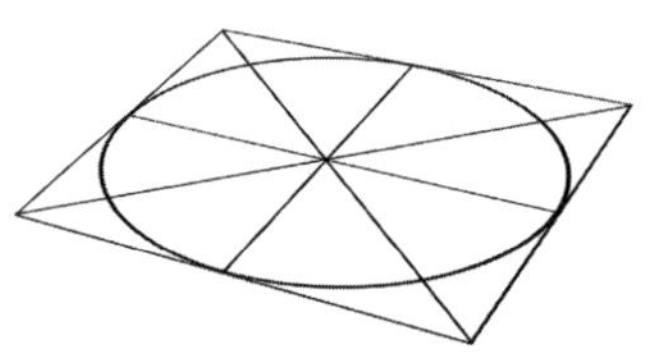

图 1—12

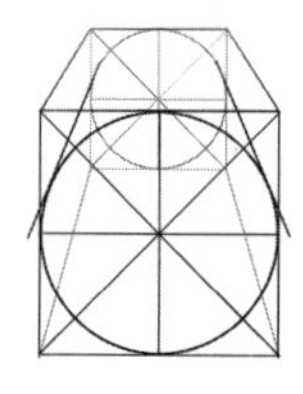
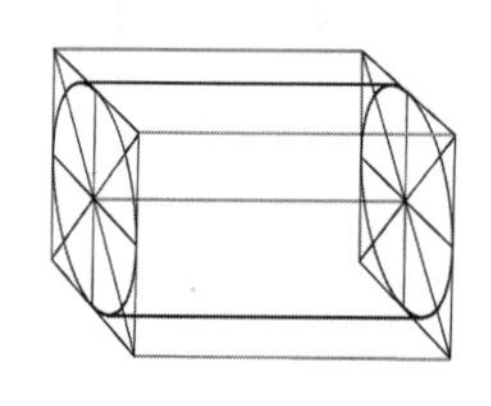
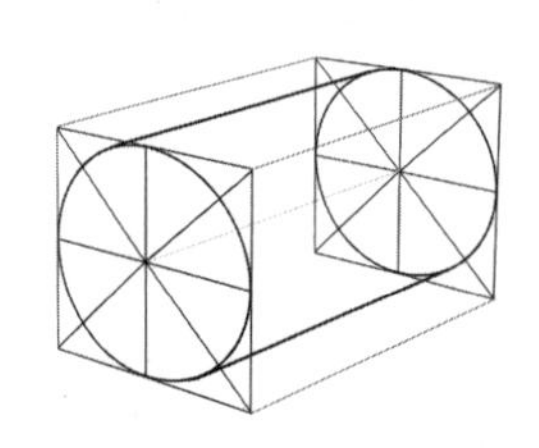
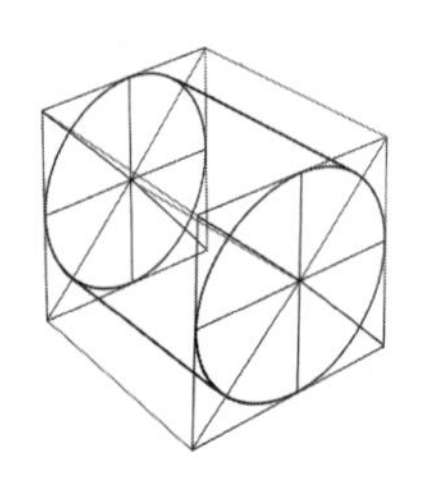

图 1—13

在正方形中建立正圆形时，要先画出几条必要的辅助线和参考线，即画出正方形水平与垂直方向的两条中线，得到四条边的中点与心点，再画出两条对角线作为画圆时的坐标参考线，用标准的弧线连接四个边的中点即可得到一个正圆形，画弧线时要注意弧线与每条对角线交叉点距离心点或正方形的边角交叉点的距离要一致，这样能使圆形画得更准。正圆形好比是在一个垂直的正方形中建立的，那么将这个正方形处于水平的状态下，正方形和其中的圆形均发生相应的透视变化（图 1—12）。图 1—12 中显示，水平放置的正方形变成了梯形，梯形水平方向的中线不再位于中心，而是略微前移，圆的纵深方向的两个半径也就不相等了，前面的半径长一些，后面的半径略短一些，围成椭圆形的弧线仍然保持平滑和均匀的状态。运用上述方法同样可以画出圆柱体的透视（图 1—13）。

不论何种状态下的圆，只要先画出相应的辅助形的透视状态，即可画出正确的圆形透视。需要指出的是，绘画中的形体透视表现主要通过观察而建立，视觉上准确即可，这样可以锻炼我们的观察力与手眼协调能力。以上提及的方法主要适用于初学者，画者的观察能力达到一定高度时，可以不借助任何辅助，直接在画面上建立各种形体的透视关系。

1.2.2 透视训练

任务 1　正方体与圆柱体透视表现

目的：理解方形与圆形基本透视规律，能够运用简单的线条表现出正方体与圆柱体的透视效果。

工具：素描纸、铅笔、橡皮、画板等。

内容：（1）表现正方体与圆柱体的平行透视；

（2）表现正方体与圆柱体的成角透视。

时间：30 分钟。

1.2.3 形体结构

形体结构是描绘物体的根本出发点和基本要素，结构好比人的骨骼一样，没有骨骼就支撑不了肉体，绘画造型脱离结构就无法支撑起形体，没有结构的形体就失去了根本，无法成立。那么，什么是形体结构呢？我们先看看下面的图解（图 1–14）。

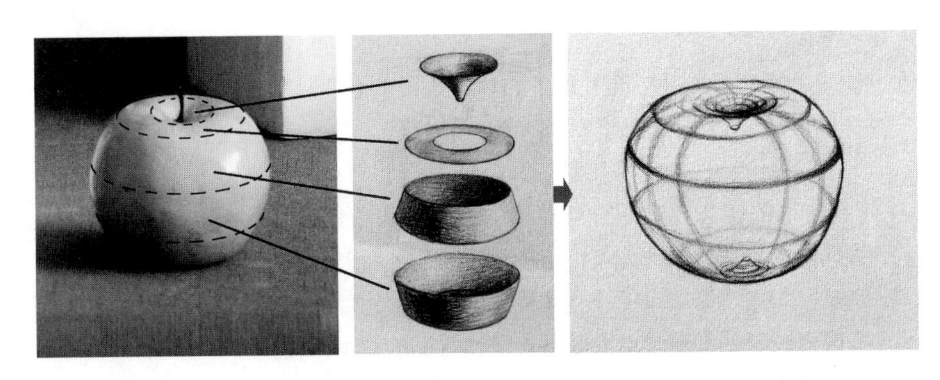

图 1–14

图 1–14 中，我们把苹果的结构进行了分解，得到了苹果各部“零件”，这些“零件”就是组成苹果的结构，经过这样的分解后我们认识了苹果的结构，再将各部分结构组合在一起，用结构素描把它表现出来。

形体结构指的是形体占有空间的构成形式。形体以什么样的形式占有空间，形体就具有什么样的结构。形体结构的本质决定着形体的内外特征，是形体存在的依据，是塑造形体的根本。形体结构包括外在的能够看得见的和内部存在不外露的体面（形体解剖结构），认识结构在绘画中是至关重要的，我们必须对物体结构进行全面的分析理解后再进行塑造。

1.2.4 比例的确定与观察

1. 观察方法

正确的观察方法直接影响着画面的表现效果，“整体的观察与整体的画”是画好一幅写生作品的前提。整体的观察对象必须是由“整体到局部，再从局部回到整体”的过程，在观察中把握整体与局部、局部与局部的对比关系，包括整体明暗、比例、透视等对比。整体的观察与相机拍照相似，在取景框中所摄取范围内的物体形象、空间距离、前后深度、透视变化、明暗层次都得服从一个焦点，它是一个整体，一目了然。初学绘画者容易着眼于局部，不注意整体观察，所以在写生的过程中往往有的地方画过了头，有的地方却画得不充足，令整体与局部相互脱节，画面出现“花”、“乱”等现象，失去了整体的效果。

在观察中要学会概括形体，绘画中的概括就是将复杂的形体暂时简单化。学会概括地看，根据对物象的观察感受，去繁就简，使主体形象更加强烈突出，把变化复杂的物象先概括成简单的几何形，把不规则的曲线概括成几根直线或直线的连接，概括、整体地观察并表现（图 1–15）。

一切事物都是不可分割的整体，事物的整体与局部都有着内在的联系。

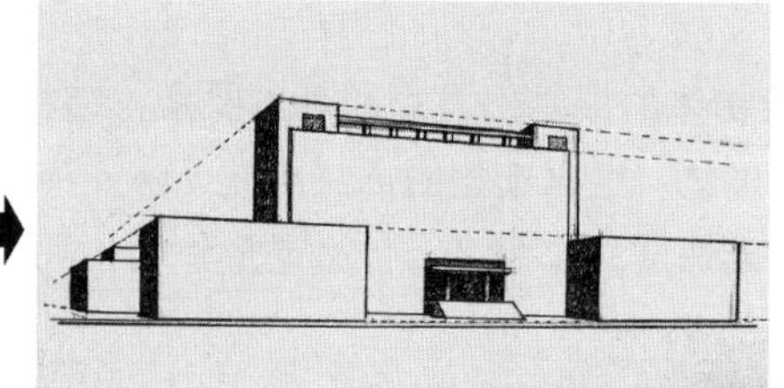
图 1–15

我们需要多方面、多次的比较，最终画准我们要表现的形体。绘画就是要从整体出发，始终保持从“整体到局部，再由局部到整体”的绘画过程。

2. 比例的确定

准确地画出形体比例是造型的基本要求，只有准确的比例才能帮助我们如实地画出所要表达的对象。当我们画一个物体时，必须观察其长度和宽度的比例，我们可以用铅笔作为一种辅助性的比例尺先量出它的宽度比，然后用宽度来比量它的长度，看看宽度占长度的几分之几，得出长度和宽度的基本比例。也可以直接用自己的眼睛观察判断各部比例，知道了宽度与长度的比例，我们才可能准确地画出物体的真实形态。

测量比例时，先闭起一只眼睛，身体要平稳，将右手臂伸直，用铅笔量出物体的宽度后，用手指掐住在铅笔上的宽度位置，再比量长度，就得到了长度和宽度的比例（图 1–16）。

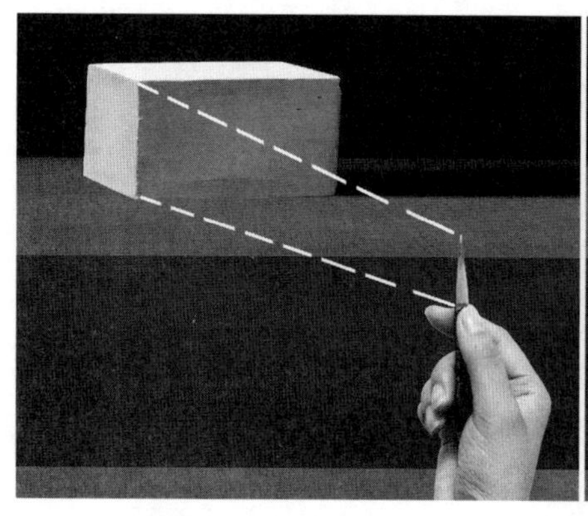
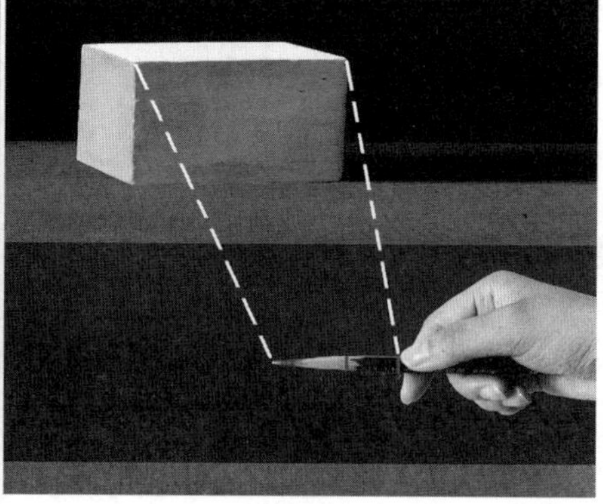
图 1–16

1.3 构图

就静物写生而言，如何将若干物体合理而有秩序地放置于画面的空间结构之中，构成一个协调、完整的画面，我们称之为构图。画面整体框架的形式、物体画多大、画在什么位置、画面的平衡与节奏关系等都属于构图内容。静物写生构图首先要根据被画对象整体框架定出画面上、下、左、右物体边缘的位置，找到画面四个边缘点，这四个边缘点就构成了构图的基本框架。画面有了基本框架，就可以确定每个物体的位置与比例了，所有物体的位置必须在框架线以内，画面左右两端外物体以外的空间大小应差不多，最上端外空间要小，下端外空间要大一些，一般上下外空间比例不低于 1 ：2（图 1–17），然后根据观察比较定出每个物体的具体位置。

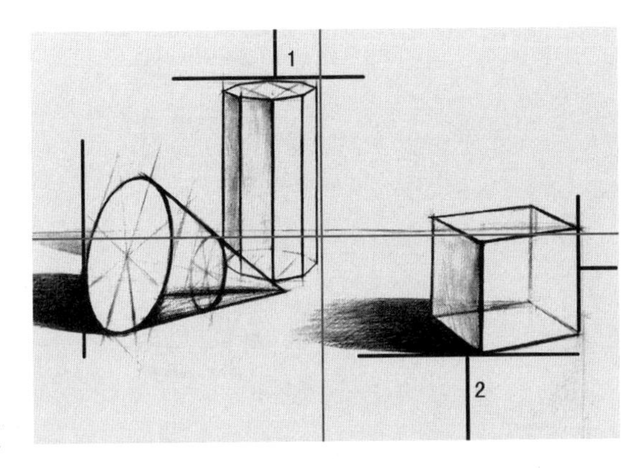

图 1–17

1.3.1 构图的基本原则

1. 均衡与重心平稳

均衡与重心平稳是构图的基本原则，主要作用是使画面平衡，具有稳定性。稳定感是人们的一种视觉习惯和审美观念，也是一切视觉艺术的基本法则，只有重心稳定，画面才能平衡。构图均衡并不意味着画面绝对平均，过度平均会产生呆板、简单的感觉。构图均衡是指画面中所有物体的平面布局形成的“量感”上的平衡，这里的“量感”包含重量、数量、体量、面积等因素所传达出的大小、多少的感觉。平衡稳定的画面左右量感上必然是匀称的(图 1–18)。图 1–18 中以中线为界，画面两侧物体数量、大小虽然不等，但是左侧物体面积总和与右侧物体面积总和基本相同，物体颜色都一样重，这样使画面左右在重量感与面积上产生一致的感觉，从而达到了“量感”的平衡，同时重心位置接近画面中心，因此该画面构图达到了平衡与稳定。当画面左右两侧的均衡感被打破时，画面重心就会发生倾斜，也自然失去了平衡感（图 1–19）。图 1–19 中，画面两侧物体数量、面积、重量感都相差悬殊，重心明显偏离中心，大幅度倾向于左侧，使画面失去了平衡。

一个好的构图往往是力与美的结合，这种力不仅包含画面的张力，从平衡的角度上说也是一种力量的抗衡。构图原理与杠杆原理有着很多的相同之处，画面的主体物（面积最大的，通常是罐子）相当于阻力点，与其保持一定距离的物体（面积较小的）相当于动力点，而它们之间的距离相当于力臂或杠杆，画面的中线则相当于支点。杠杆原理中，动力始终是小于阻力的，只有增加杠杆长度，产生的力才可以大于或等于阻力，同理在画面中，当左右不平衡时，

图 1–18（左）
图 1–19（右）

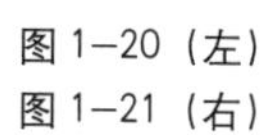

图 1–20（左）
图 1–21（右）

可以通过调整主体物与其他物体之间的距离来找回平衡（图 1–20、图 1–21）。图 1–20 明显存在重心偏左、构图不平衡的问题，在此种情况下，如图 1–21 所示，将所有物体适当向右平移，同时将主体物与其右下方的水果距离拉大，使画面右侧重力感加强便可以达到平衡了。

2. 对比与节奏

一个完美的构图在保证均衡与重心平稳的前提下，必须有对比和变化，使画面产生节奏感。对比与变化主要包含多少、大小、疏密、轻重等因素，这些因素的对比与变化，让画面活泼而富有韵律。画面局部物体的多与少就是疏密关系，疏密关系又叫松紧关系，一般在画面上要按照“上紧下松”的原则排布物体，即画面上方物体要密集，下方物体要疏松，密则多，松则少。画面左右布局也要有一定的疏密变化，实现数量上的对比不同，避免雷同与呆板感。在重心平稳的状态下，左面松则右面紧，左面紧则右面松（图 1–22）。

1.3.2 构图的基本形式

静物构图最常用的形式是三角形构图，一组静物的整体框架用直线连接起来形成三角形，就是三角形构图（图 1–23）。三角形构图具有稳定感，上紧下松，对比分明，朴实无华。另外一种比较常用的构图是“S”形构图，“S”形构图顾名思义，就是静物整体脉络走势呈“S”形，其特点是稳定中富有动感，画面活跃，节奏感强（图 1–24）。

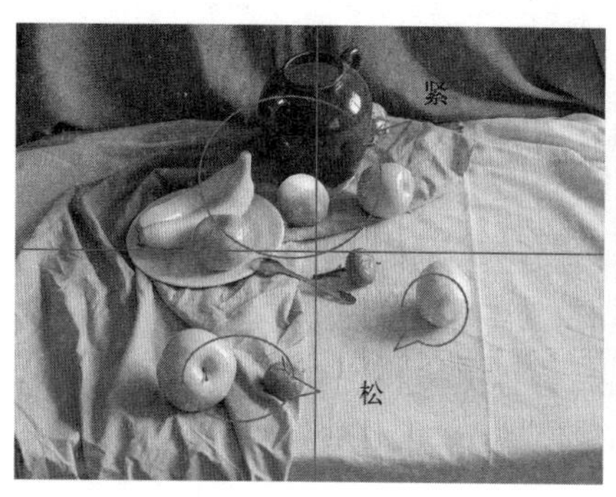

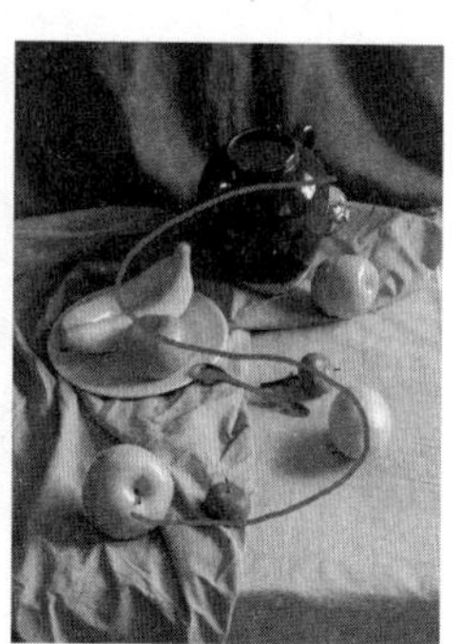

图 1–22（左）
图 1–23（中）
图 1–24（右）

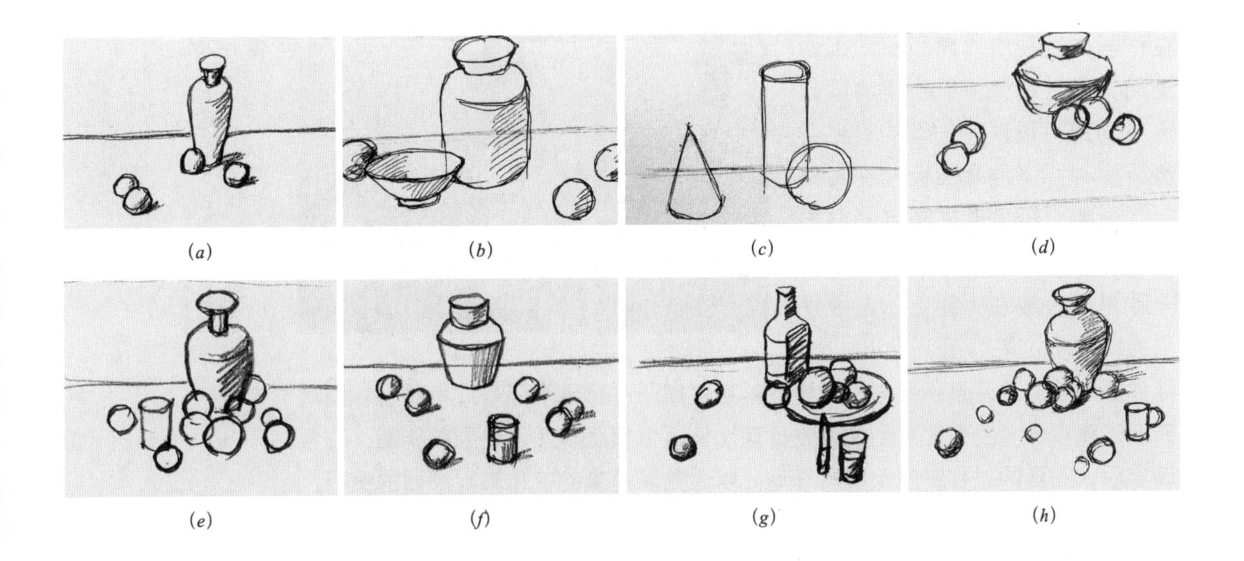

(a) (b) (c) (d)

(e) (f) (g) (h)

图 1—25
(a) 构图太小；
(b) 构图太满；
(c) 构图偏下；
(d) 构图偏上；
(e) 布局过紧；
(f) 布局太散；
(g) 重心偏右；
(h) 直线排列

1.3.3 构图中常见的错误

静物写生构图需要将实际摆放静物的构图再现于画面上，教师在摆放静物时已经按照构图的原则对静物进行了有序的布置。一般情况下，写生时按照客观构图结构表现即可，但是因为画者与静物之间角度的不同，构图会有不同程度的差异，在有些角度上完全选取客观构图是不理想的，物体间的排列会缺乏合理性，因此画者需要根据构图的基本原则主观地调整画面构图，适当改变物体位置，使之分布更为合理。这就需要画者很好地掌握构图的方法和原则，做到能灵活、自如地建立画面构图。初学者难免在构图上会出现一些问题，常见错误如图 1—25 所示。

1.3.4 构图训练

任务 2　构图表现

目的：掌握构图法则及形式，能够运用简单的平面图形组织构图。

工具：素描纸、铅笔、橡皮、画板等。

内容：(1) 用一个罐子、一个酒瓶、一个酒杯、六个水果的平面图形组织构建两组三角形构图；

(2) 用一个罐子、一个酒瓶、一个酒杯、六个水果的平面图形组织构建两组 S 形构图。

时间：30 分钟。

1.4 素描训练的准备工作

1.4.1 位置的选择和作画姿势

正确的写生姿势，有助于整体观察和运用正确的表现方法。画板的摆放应和视线垂直，在整体塑造画面时，身体应与画板保持一臂左右的距离，这样在作画的过程中，能照顾到画面全局，也能避免由于视角的原因造成的透视错误。正确的写生姿势有两种，一种是画板放在画架上，画架一般放置在画者的前方一臂左右的距离（图 1–26*a*）；另一种是画板放在大腿上，左手扶画板，右手执笔（图 1–26*b*）。选择作画位置时要注意画者与静物所成的角度属于平行透视还是成角透视，同时还要注意在画者的角度看到的静物框架比例适合横版构图还是竖版构图。位置确定后，在画的过程中就不要再移动，以避免因角度的变化影响画面的透视。

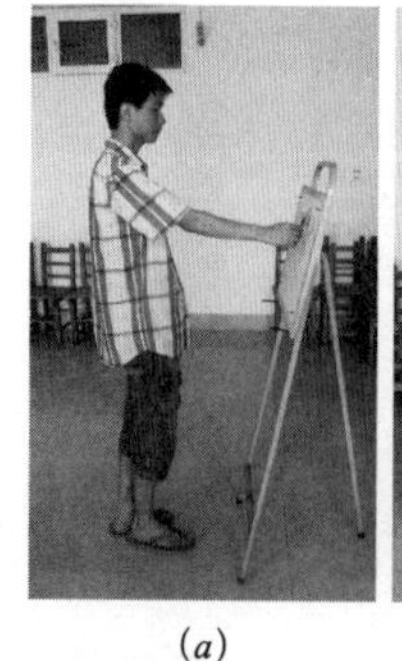

(*a*)

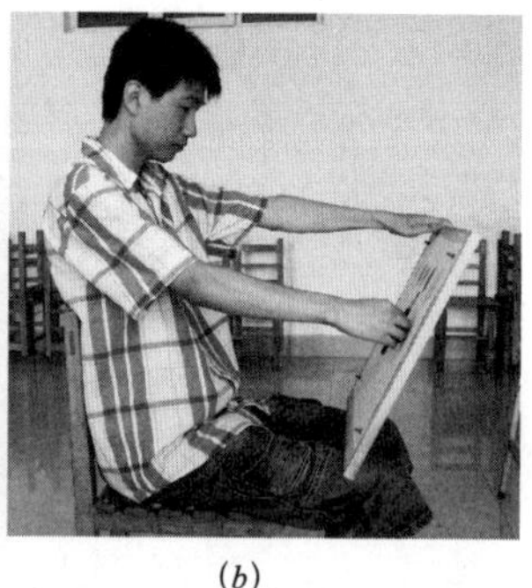

(*b*)

图 1–26

1.4.2 握笔方法

绘画通常的握笔方法是拇指、食指和中指捏住铅笔，手指握笔位置距笔尖一寸以上，握笔的手要内空而松，用手臂的来回移动来画出长线条；小指作支点支撑在画板上或悬空，靠手腕的移动来画出较短线条。在细部深入刻画时可采用像平时写字的握笔姿势。作画时握笔与运笔方法是多变的，主要靠肩、肘、腕、指间的协调来实现画出不同的线条效果（图 1–27）。

图 1–27 中（*a*）为画直线的握笔姿势，运笔时以肩为轴，手臂略曲，手轻松握笔，腕部不动，以直线的轨迹移动；（*b*）为排调子的握笔姿势，与画直线方法基本相同，腕部和肘部可以适当活动；（*c*）为画曲线的握笔姿势，主要以腕部为轴，肩部、肘部要协调、灵活地运动；（*d*）为刻画细节的握笔姿势，与写字的握笔方法基本相同。

掌握轻松自如的握笔方法，才能保证画素描时运笔流畅，速度平稳，轻重自如，这也是画好素描的基本条件之一。

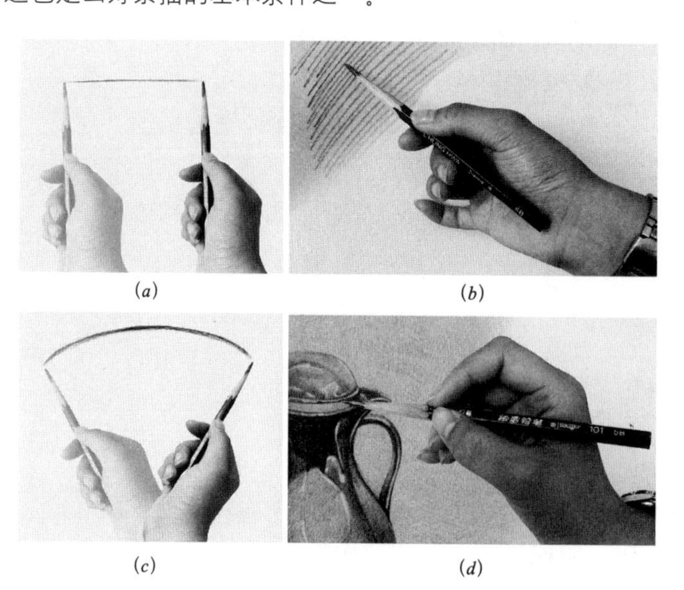

(*a*) (*b*) (*c*) (*d*)

图 1–27

2

教学单元2　几何形体素描与造型分解训练

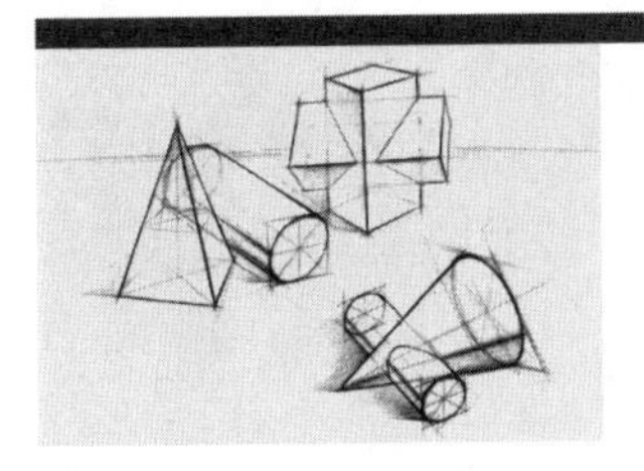

几何形体素描与造型的分解训练分为结构训练、全因素训练和造型分解训练三部分。几何形体素描既是绘画训练中最基础的环节，也是最重要的环节，能够培养基本的观察能力、结构分析能力、空间思维能力和形体表现能力。

几何形体造型与建筑造型联系密切，世间万物的实体结构都是由简单的几何形体组成的，无论多么复杂的形体都可分解成几何形体，而建筑结构、园林树木等更是直观地展现了几何形体的具体特征（图 2–1）。要掌握复杂的形态结构，首先要从简单的几何形体入手，几何形体是组成物体形态变化的基本元素，单个几何形体结构比较容易掌握，而将众多的几何形体组合在一起形成的新形态则是千变万化的，我们要在练习中不断地理解和掌握几何形体结构与透视变化的规律。

造型的分解训练是与几何形体素描训练相配套的训练形式，主要在课下完成，它以常见的建筑造型为训练对象，将建筑的结构归纳为几何形体，再将几何形体用素描的形式默写出来。这个过程看似简单，实际包含了造型基础训练中的理解、分析、演化、表现与默写等众多内容。在造型分解的过程中，学生能够将复杂的建筑结构化整为零，主动地分析建筑结构与几何形体的关系，掌握建筑造型规律与特点，对于学生理解与掌握专业领域的造型结构和提高造型能力将起到重要作用。

图 2–1

教学目标与计划

学时	教学目标和主要内容				
	任务名称	能力目标	知识目标	主要内容及说明	课下作业
4	任务3　单个几何形体结构素描写生A	能够运用基本的线条表现单个几何形体的造型	1.理解六面体的基本透视规律； 2.初步掌握线条的表现方法	A组写生对象为正方体与长方体，写生前教师要进行几何形体结构素描写生的讲解与示范	临摹正方体与长方体结构素描
4	任务3　单个几何形体结构素描写生B	能够运用比较标准的线条表现单个几何形体的造型	1.理解几何形体的结构与空间关系及基本透视规律； 2.进一步掌握线条的表现方法	B组写生对象为四棱锥、球体与长方体，写生前教师要进行几何形体结构素描写生的讲解与示范	临摹四棱锥、球体与长方体结构素描
4×2	任务4　几何形体组合结构素描写生； 任务5　建筑结构造型分解（结构素描表现）	1.能够以结构素描的形式表现多个几何形体组合的画面； 2.能够将建筑造型分解为若干几何形体	1.掌握几何形体结构的表现方法与步骤； 2.掌握多个形体组合的构图方法； 3.掌握建筑结构造型分解的方法	1.几何形体组合结构素描写生分为两个部分进行，每个部分内容难度各不同，教师要对该任务进行讲解与示范； 2.建筑造型分解（结构素描表现）任务在每个单元课下完成，教师在课上要对该任务进行讲解与示范	任务5　建筑结构造型分解
4	任务6　单个几何形体全因素素描写生	能够运用全因素素描的表现手段塑造单个几何形体	掌握三大面、五大调子的表现方法	写生对象为正方体与球体，教师要进行讲解与示范	临摹正方体与球体全因素素描
4×2	任务7　几何形体组合全因素素描写生； 任务8　建筑造型分解（全因素素描表现）	1.能够以全因素素描的形式表现几何形体造型及空间关系； 2.能够将建筑造型分解为几何形体	1.掌握几何形体全因素的表现方法与步骤； 2.掌握建筑结构造型分解的方法与步骤	1.几何形体组合全因素素描写生分为两个部分进行，每个部分内容难度各不同，教师要对该任务进行讲解与示范； 2.建筑造型分解（全因素素描表现）任务在每个单元课下完成，教师在课上要对该任务进行讲解与示范	任务8　建筑造型分解

2.1　几何形体结构素描训练

几何形体结构素描是以线条为主要手段来表现几何形体的结构与空间的素描形式。它以形体比例与透视为客观前提，通过线条的强弱、粗细对比来表现几何形体的内外部构造及空间关系。对于复杂的形体，在表现外部结构的同时要通过线条的穿插推理剖析出形体内部结构（图2–2）。

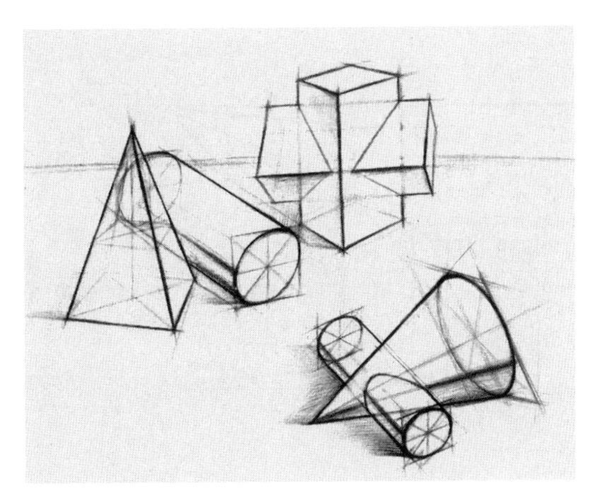

图2–2

2.1.1 几何形体结构素描的表现方法

结构素描是以理解、剖析结构为最终目的，因此线条是它通常采用的主要表现手段。线条是结构素描中最主要的艺术语言和表达方式，在塑造形体、表现体积和空间方面，富有表现力和概括力。在开始学习时，首先要加强线条表现能力，要做大量的线条练习，提高线条表现质量与熟练程度。

1. 线条的表现

几何形体结构素描作画时，先用较长的直线概括出物体的基本形态，要抓住基本比例和前后关系，结构线往往要根据形体前后关系决定强弱，线条强弱要按照“近实远虚”的原则经营。“近实远虚”也可以说“近强远弱”，就是表现近处的物体画的线条要强烈，即清晰度要强，铅色要浓重，表现远处物体或内部结构时，线条表现的力度要弱，铅色要淡一些。这样通过前后的强弱对比让画面形体产生空间感。单个个体前后结构线条表现也要以“近实远虚”为基本原则（图 2–3）。

图 2–3 中（*a*）处为粗钝线条；（*b*）处为粗细线条的对比；（*c*）处为整体虚实线条的对比；（*d*）处为表里线条虚实对比；（*e*）处为个体线条虚实对比。

因为几何形体构造的丰富性，作画时经常要用多种不同的线条表现不同幅度的形体转折，在线条的粗细、曲直、锐钝方面要加以变化，以求得画面的艺术效果。

2. 辅助线条

辅助线条是表现结构素描过程中需要借助的形体以外有助于形体建立的线条，对于准确表现形体比例、结构、透视关系具有重要作用。一个形体的辅助线条一般是以一个或多个具体的形态出现的，先根据要表现形体的比例与透视关系建立起来，形成一个规则的框形，往往要画出这个框形的纵横两条中线、对角线及垂直的中轴线等，然后在其内部建立表现对象的形体（图 2–4）。辅助线条相对于结构线条要画得弱一些，不能与结构线相混淆，因为它不是画面造型的主体，既要服务于主体，又要突出主体。辅助线条在形体塑造完成时一般可以保留，因为它不会影响画面效果，而且能够起到烘托画面气氛的作用，同时它能够体现出我们作画过程中对结构的理解方式与思维过程。

图 2–3（左）
图 2–4（右）

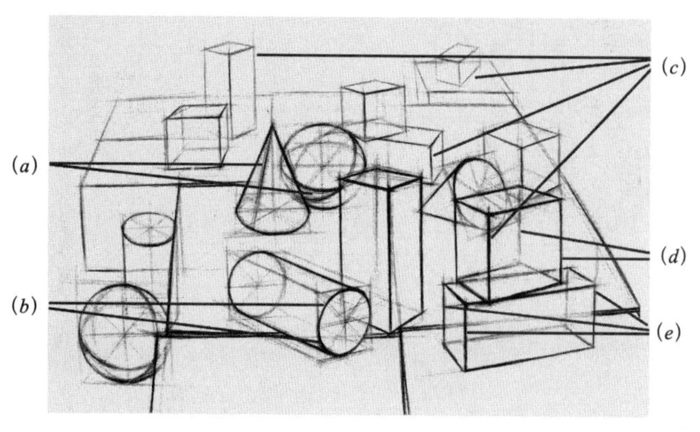

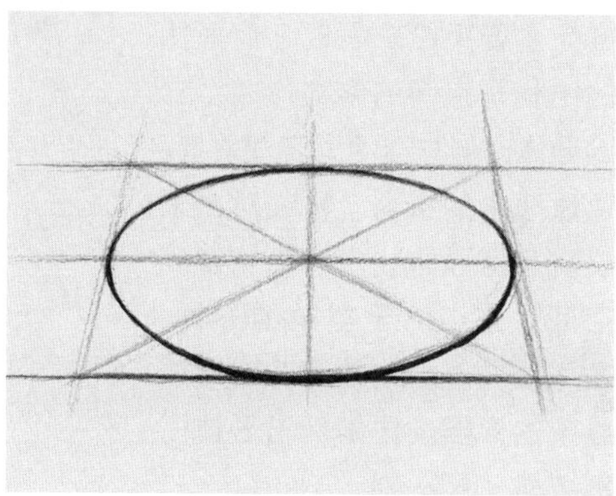

3. 线条的穿插

结构素描的线条不是孤立的线条，而是相互穿插、相互关联的，线条有进有出、有始有终，形成脉络，也就是我们经常说的线条的“来龙去脉”。线条的穿插必须符合形体结构的前后及内外规律，否则就容易产生前后空间倒置的混乱现象，即空间上该到后面来的结构线翻到前面来了，而前面的结构线靠到后面了。结构素描要求把客观对象想象成透明体，把物体自身的前后、内外的结构都表达出来，所以要分清线条的前后关系、强弱关系和空间关系。一根线条必须要画得完整，要把被对象形体遮挡住的部分一起画出来，这根线条就与该形体其他线条形成了穿插，再根据它与其他线条的前后关系确定强弱效果，这样线条之间的穿插关系就明确了。所以在进行线条的穿插表现的过程中必须把握线条的前后空间关系。

2.1.2　几何形体结构素描的作画步骤

1. 起稿

(1) 构图定位

先根据静物（图 2–5）整体框架比例，将画面上、下、左、右物体边缘的位置用短线初步确定，使画面构图框架比例与真实静物所形成的框架比例一致。

这个阶段要注意上、下、左、右四个边距的比例，上边距与下边距的比例至少是 1 ：2，让画面最上端物体以外的空间小一些，最下端物体以外空间大一些，防止画面构图产生“下沉”感。这个比例不是绝对的，但对于基础阶段来说应该遵循这一原则。左边距与右边距的比例一般是 1 ：1 左右，也就是左边距与右边距差不多，不能绝对相等，防止构图呆板。在保证以上比例正确的前提下，还要注意这四个边距不能太大，也不能太小，边距过大会造成画面构图偏小，反之则造成构图偏大，具体大小要根据视觉经验而定（图 2–6）。

在确定整体构图框架之后，根据静物中物体之间的大小比例、距离、“重叠”与“独立”关系，用简练的线条“圈”出每个物体的位置，然后观察比较比例是否准确（图 2–7）。

(2) 建立线稿

根据先前勾勒出的物体位置，用线条画出物体的轮廓和基本结构。

这一阶段要注意三点：第一，要多观察物体形体特征，轮廓、比例、结构和透视关系的表现要力求准确，线条要根据前后关系富有强弱变化，不能画得过重；第二，形体表现要概括，表现物体的主要结构，忽略细节，保持画面

图 2–5（左）
图 2–6（中）
图 2–7（右）

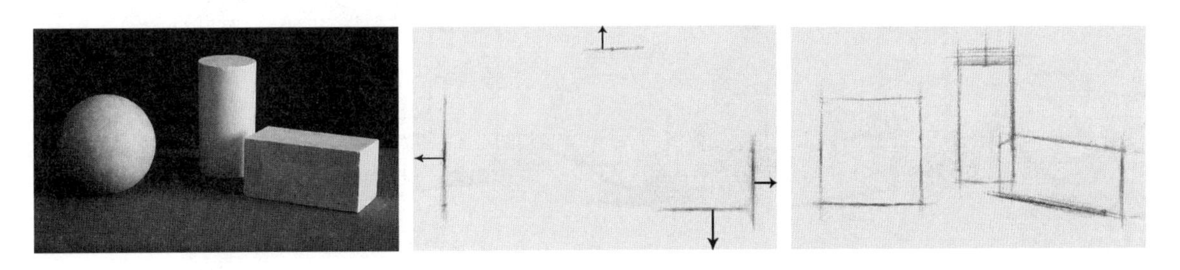

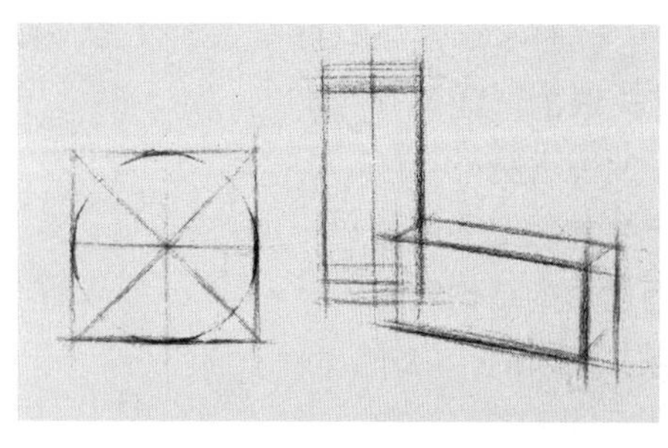

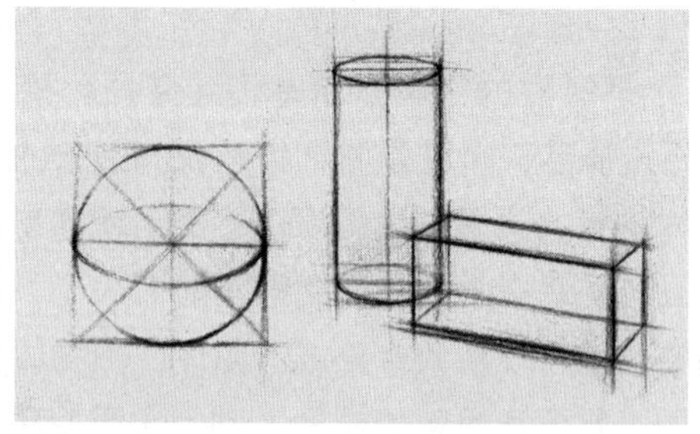

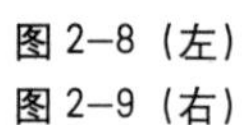

图 2–8（左）
图 2–9（右）

整体性；第三，物体外在结构与内部结构要同时表现出来，内部结构线条颜色要淡一些（图 2–8）。

2. 建立整体关系

肯定形体结构关系，用不同虚实的线条确定物体的空间关系及画面整体的空间关系（图 2–9）。

3. 深入刻画

对形体及结构进行具体的、细致的刻画，增加细节，丰富线条虚实关系，强调画面空间效果（图 2–10）。

这一阶段要注意四点：第一，强调主要结构及轮廓线，将原来的线条完整化、连贯化，注意线条虚实的控制，按照"近实远虚"的原则，尽可能地丰富线条的黑白层次，让形体空间感增强；第二，将形体外在结构加以刻画，使物体真实感加强；第三，加强整体空间关系的控制，突出主体；第四，注意单个形体上每个结构之间的穿插关系，抓住结构的转折部位，将每个形体结构的来龙去脉表现清晰。

4. 调整（完成）

整体关系观察画面，对画面有问题的局部进行调整，达到满意的效果。此时的调整主要是对画面局部进行修改，不宜做大幅度的改动，如果画面局部没有问题，则无需调整（图 2–11）。

2.1.3 单个几何形体结构素描训练

1. 任务 3　单个几何形体结构素描写生 A、B

目的：理解六面体的基本透视规律并初步掌握线条的表现方法，能够运用基本的线条表现单个几何形体的造型。

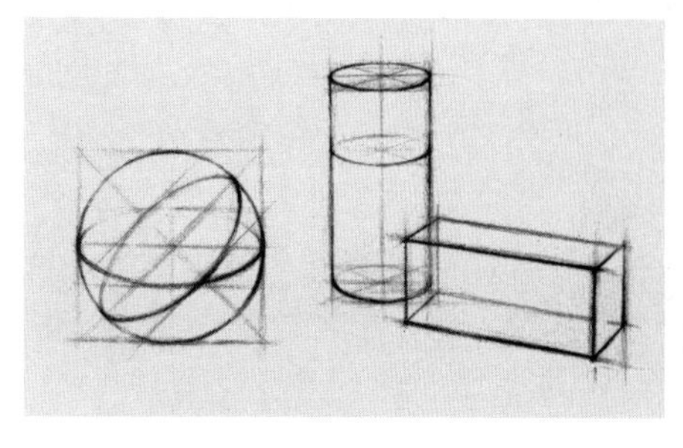

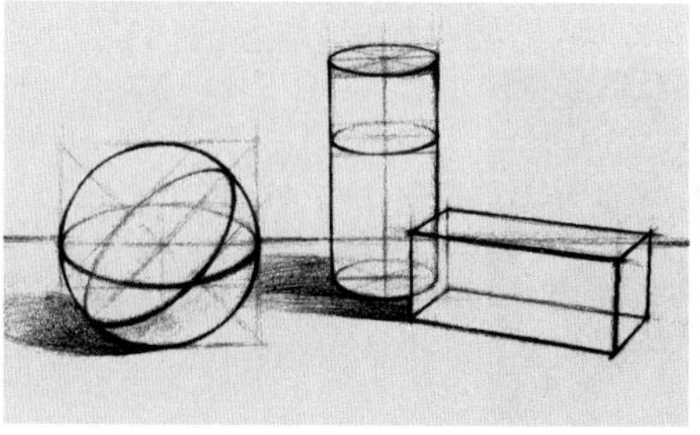

图 2–10（左）
图 2–11（右）

工具：素描纸、铅笔、橡皮、画板等。

内容：写生 A：正方体、长方体；

写生 B：四棱锥、球体与长方体。

时间：写生 A：90 分钟；

写生 B：180 分钟。

2. 课下作业

(1) A 组课下临摹正方体、长方体结构素描各两张；

(2) B 组课下临摹四棱锥、球体与长方体结构素描各两张。

单个几何形体结构素描临摹与赏析作品

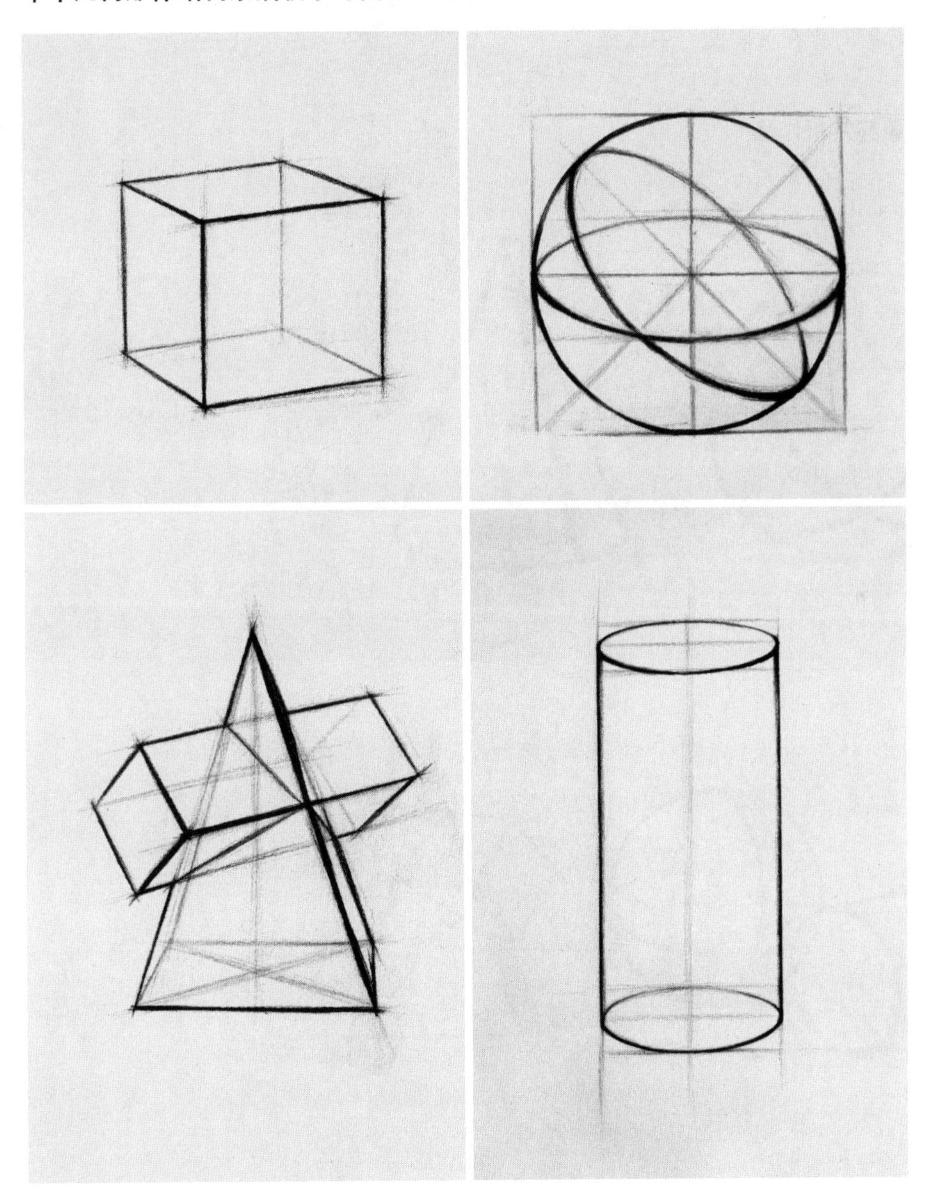

2.1.4 几何形体组合结构素描训练

1. 任务 4　几何形体组合结构素描写生 A、B

目的：能够以结构素描的形式表现多个几何形体组合的画面及准确把握空间关系，掌握几何形体结构的表现方法与步骤。

工具：素描纸、铅笔、橡皮、画板等。

内容：写生 A，3 个形体组合；

　　　写生 B，4 个形体组合。

时间：写生 A，180 分钟；

　　　写生 B，180 分钟。

2. 课下作业

任务 5　建筑结构造型分解（结构素描表现），详见“2.2 建筑造型分解（结构素描表现）”；造型分解对象在“附图”中选择。

几何形体结构素描临摹与赏析作品

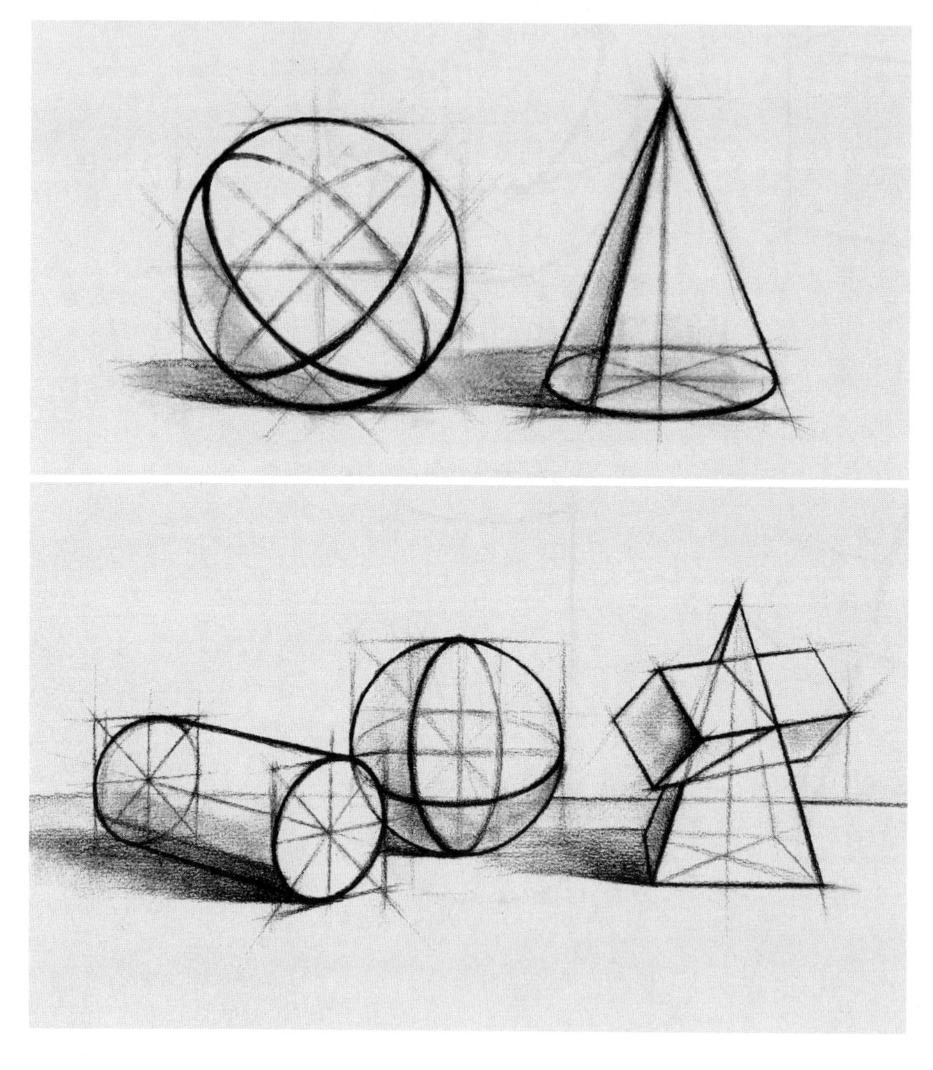

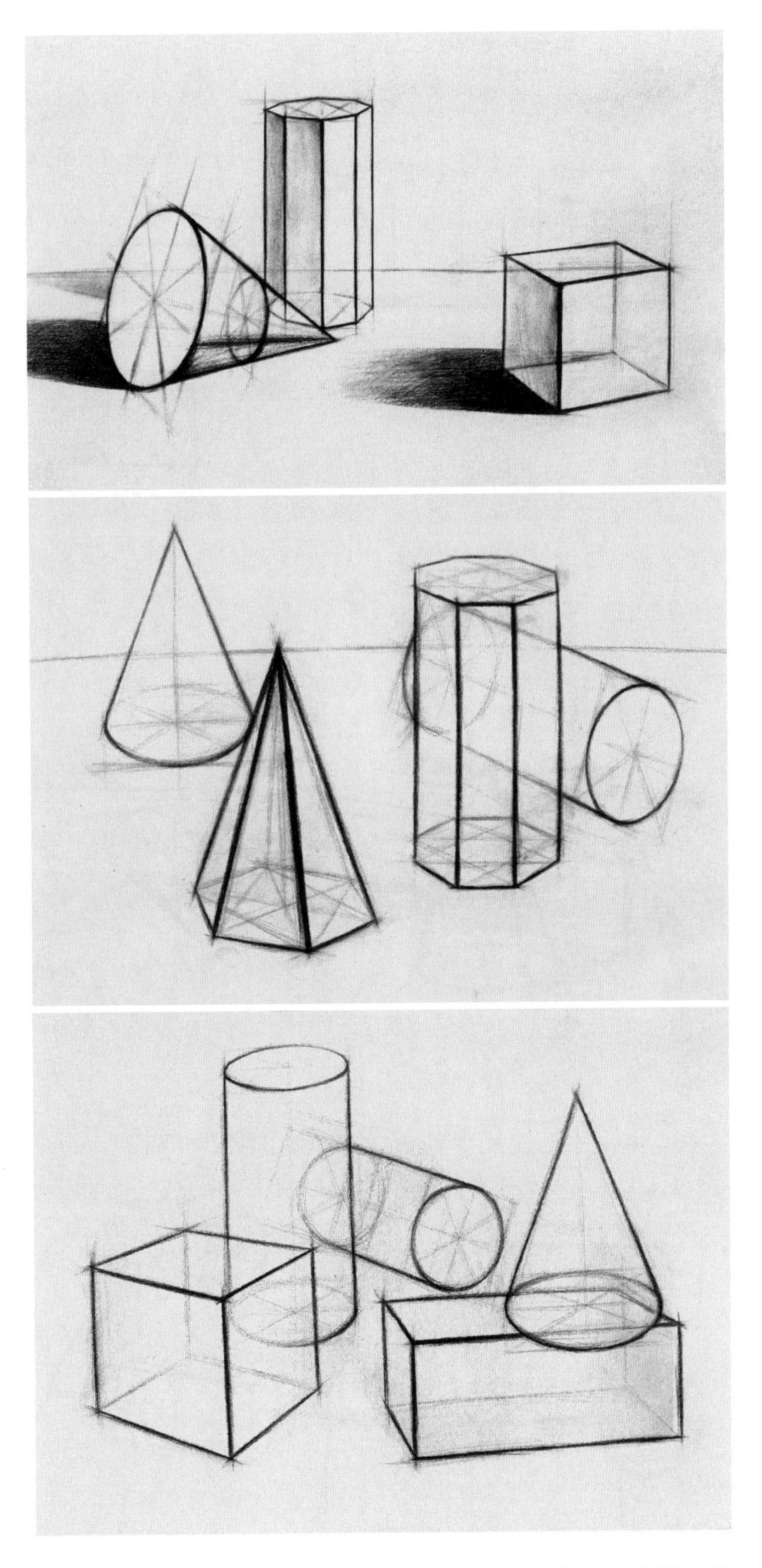

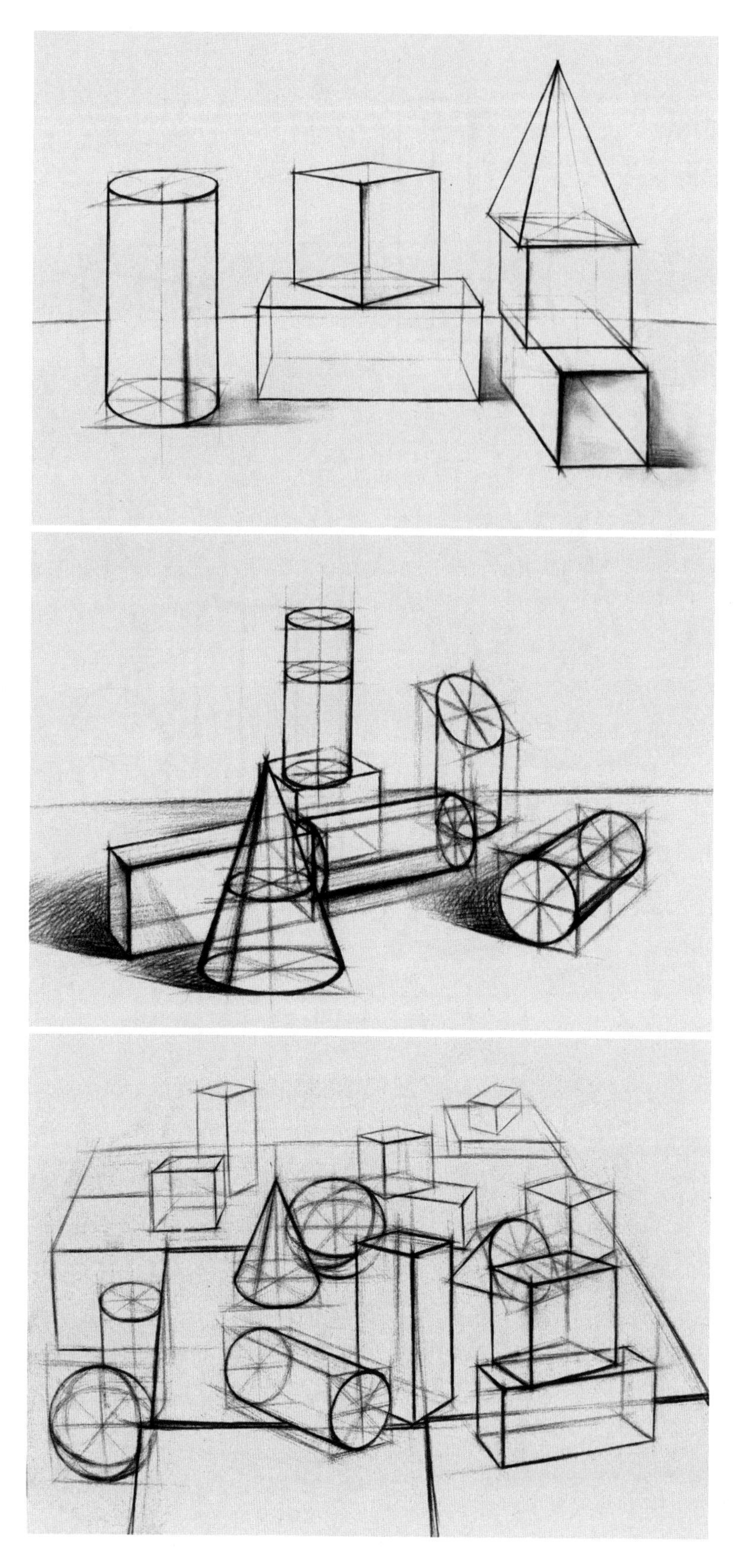

2.2 建筑造型分解（结构素描表现）

建筑造型分解（结构素描表现）是与几何形体结构素描训练相配套的训练形式，主要在课下完成。它以常见的建筑造型为训练对象，是将建筑的结构归纳为几何形体，再将几何形体以结构素描的形式默写出来。这个过程看似简单，实际包含了造型基础训练中的理解、分析、演化、表现与默写等众多内容。在造型分解的过程中，学生能够将复杂的建筑结构化整为零，主动分析建筑结构与几何形体的关系，掌握建筑造型规律与特点，对于学生了解专业领域的造型结构和提高造型能力将起到重要作用。

2.2.1 任务5 建筑造型分解A、B

目的：掌握建筑结构造型规律及建筑造型与几何形体的关系，提高几何形体结构素描造型能力。

工具：素描纸、铅笔、橡皮、画板等。

内容：在“造型分解素材”中选择建筑图片，将图片中建筑造型进行分解。

时间：A，60分钟；

B，60分钟。

2.2.2 建筑造型分解（结构素描表现）的方法与步骤（图2–12）

1. 从本单元“造型分解素材”中选择一张建筑图片复印后贴在一张4开素描纸的左上角处（图2–12*a*）；

2. 局部地观察图片中建筑的各个部分结构，分析其形态属于哪种几何形体，然后将观察分析出来的形体以简图的形式表现于素描纸的指定位置（图2–12*b*）；

3. 在素描纸的右侧将这些几何形体以结构素描的形式表现出来。有些在建筑物上多次出现的形体可以多角度重复表现，注意构图的合理性（图2–12*c*）。

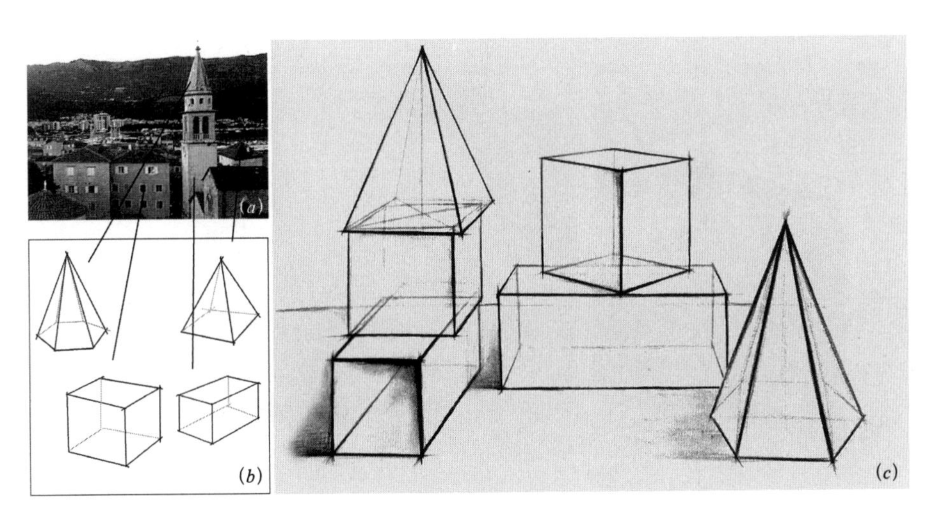

图2–12

2.3 几何形体全因素素描训练

几何形体全因素素描是用明暗表现手段来表现几何形体的素描形式，它强调对几何形体明暗关系、肌理、质感及空间等因素的表现，比较接近对象的客观状态，真实感强，与结构素描相比，它更丰富、细腻，更能客观地表现出几何形体的存在状态。

2.3.1 明暗关系

1. 三大面

当光从某个方向照射到物体上时，物体就会产生由亮到暗的明暗层次，当光照射到方体表面时，我们把这些明暗层次归纳为亮面、灰面和暗面，在素描中通常叫作“三大面”。“三大面”中受光最强的面是亮面；没有光线通过、背光的面是暗面；另外一个面是灰面，它的明暗介于亮面与暗面之间。我们还把亮面分为高光和亮灰；把暗面分为暗灰、反光和投影（图 2–13）。在素描学习中，我们通常简单地称这种明暗色调为黑、白、灰。

2. 五大调子

当光从某个方向照射到球体上或曲面上时所产生明暗层次被统称为“五大调子”，即亮调子、中间调子、暗调子、明暗交界线、反光（图 2–14）。亮调子主要是指物体受光部明度较高的区域，这一区域分为高光和亮灰调；中间调子是指明暗交界线与亮调子之间的区域；暗调子是物体背光区域中的较暗调子层次，包括投影；明暗交界线则是亮面与暗面交界的区域，一般以线状或带状呈现；反光是物体暗部受到环境反射光影响呈现出的光亮，一般含在暗部，光亮较弱。“五大调子”是物体在一定光线下明暗变化的最基本格局，其具体明暗的差比，要根据具体对象和具体光线去比较表现。

在素描中各个明暗层次所形成的对比关系及空间效果被称为明暗关系或黑白关系。绘画时要求明暗关系明确，明暗层次丰富。

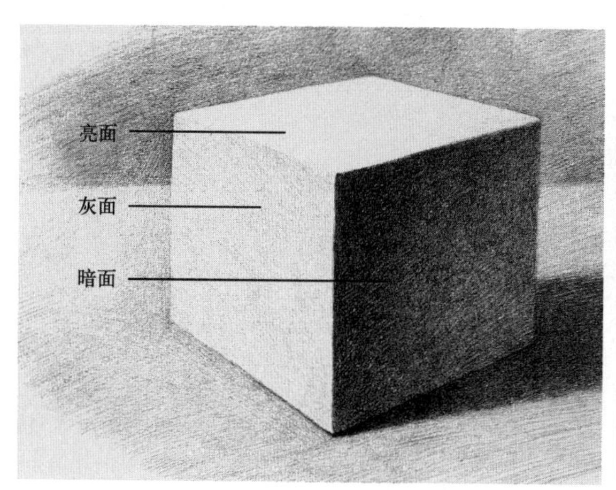

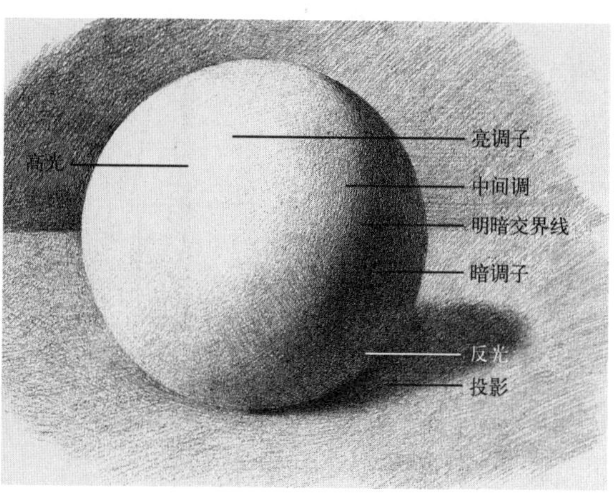

图 2–13（左）
图 2–14（右）

2.3.2 全因素素描的表现方法

1. 排调子

素描中不同的明暗层次我们称之为“调子”。调子一般是由线条多次有规律的重复罗列形成的，即“排调子”，每一层调子的方向要有变化，形成网格状（图 2–15），这样看起来明暗层次才会丰富而又浑厚，透气而不死板。在“排调子”时，用笔如果都是同一方向的，就会产生不均匀的效果，是不可取的；如果两层邻近的调子方向相互垂直排列，所排成的网格是“井”字形，也会严重影响画面效果，作画时要避免；排线时用笔要稳而轻松，线条之间距离要均匀，线条疏密差距不能过大，否则会出现“乱”的效果，线条距离也不能过近，否则会出现“腻”的效果；用笔要轻起轻落，不能有“丁”字线出现（图 2–16）。

图 2–15

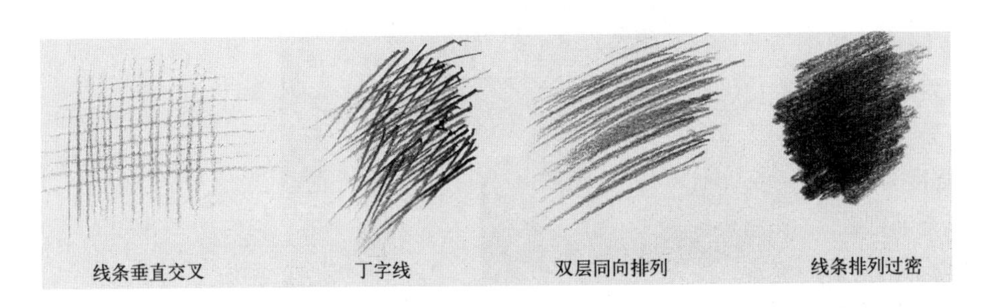

图 2–16

不同明暗的调子是表现物体明暗关系的主要手段，调子表现技术性较强，也是画好全因素素描的关键，在训练中必须熟练掌握调子的表现方法，反复体会其技巧和规律，做到熟能生巧。

2. 作画步骤

(1) 起稿

用简练的线条画出物体的轮廓、明暗交界线及主要结构。这一阶段要注意以下几点：第一，要多观察形体特征，轮廓、结构和透视关系的表现要力求准确，同时线条要简练，不能画得太重；第二，要概括表现物体的主要结构，忽略小的细节，保持画面整体性；第三，要准确把握明暗交界线，根据物体转折的圆锐程度用不同粗细的线表现不同物体的明暗交界线（图 2–17）。

(2) 建立整体明暗关系

全因素素描是以物体明暗关系为参照，用光影效果来表现物体空间的，因此，在把握住形体结构的基础上，明暗关系的表现成为一个关键因素。在这个阶段要注意以下几点：第一，先画颜色最重的物体，按照物体颜色由重到亮的顺序依次来画，这样有助于整体关系的把握；第二，要从明暗交界线入手，从暗部开始画，逐渐向亮部过度，调子层次不要太多，明暗过度不要太含蓄；第三，调子不要上得过重，排线不要过密，铅笔要选择 B 数大的，不宜过硬；第四，保持整体明暗对比，但不要对比太强，刻画浅颜色物体要控制用笔力度；第五，注意外形与明暗面之间概括的统一性，不要将轮廓圈得过"紧"（图 2–18）。

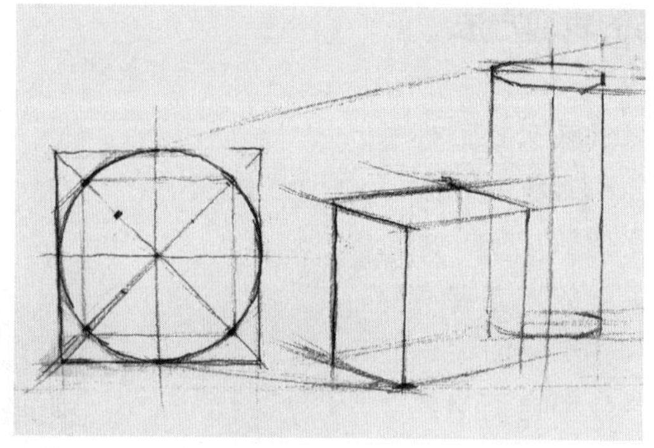

图 2–17（上）
图 2–18（中）
图 2–19（下）

（3）深入刻画

保持整体关系，丰富调子层次，加强明暗对比，细致刻画物体的结构细节、质感、空间等因素。

这一阶段要注意四点：第一，始终把握住整体关系不变，以整体的观念布局画面；第二，注意控制调子的细腻程度，随着画面的深入，调子应该逐渐细腻，调子层次也应该不断地丰富；第三，将能看到的物体外部因素细致描绘，使物体真实感加强；第四，注意明暗交界线不要画得过硬或过于柔和（图 2–19）。

（4）调整

对画面的不理想因素进行适当调整，使其效果达到最佳程度。

2.3.3 单个几何形体全因素素描训练

1. 任务 6 单个几何形体全因素素描写生

目的：（1）能够运用全因素素描的表现手段塑造单个几何形体；

（2）掌握三大面、五大调子的表现方法。

工具：素描纸、铅笔、橡皮、画板等。

内容：正方体与球体。

时间：180 分钟。

2. 课下作业

临摹正方体与球体全因素素描各两张。

单个几何形体全因素素描临摹与赏析作品

2.3.4 几何形体组合全因素素描训练

1. 任务 7 几何形体组合全因素素描写生 A、B

目的：能够以全因素素描表现几何形体造型及空间关系，掌握几何形体全因素的表现方法与步骤。

工具：素描纸、铅笔、橡皮、画板等。

内容：写生 A，4 个形体组合；

写生 B，5 个形体组合。

时间：写生 A，180 分钟；

写生 B，180 分钟。

2. 课下作业

任务 8 建筑造型分解（全因素素描表现），详见“2.4 建筑造型分解（全因素素描表现）”；建筑图片在“造型分解素材”中选择。

几何形体全因素素描临摹与赏析作品

2.4　建筑造型分解（全因素素描表现）

建筑造型分解（全因素素描表现）训练是与几何形体全因素素描训练相配套的训练形式，主要在课下完成。其基本过程与建筑造型分解（结构素描表现）相同，表现方式为全因素素描。在造型分解的过程中，学生能够进一步提高对建筑结构与几何形体关系的理解，掌握建筑造型规律与特点，并提高全因素素描的造型能力。

2.4.1　任务 8　建筑造型分解（全因素素描表现）A、B

目的：能够将建筑造型分解为几何形体，掌握建筑结构造型分解的方法与步骤。

工具：素描纸、铅笔、橡皮、画板等。

内容：在“造型分解素材”中选择建筑图片，将图片中的建筑造型进行分解表现。

时间：A，60 分钟；
　　　B，60 分钟。

2.4.2　建筑造型分解（全因素素描表现）的方法与步骤（图 2–20）

1. 选择一张大小适中的建筑实物图片（见造型分解素材）贴在一张 4 开素描纸的左上角处（图 2–20*a*）；

2. 观察图片中建筑各个部分结构，分析其形态属于哪种几何形体，然后将观察分析出来的形体以简图的形式表现于素描纸的指定位置（图 2–20*b*）；

3. 在素描纸的右侧将这些几何形体以全因素素描的形式表现出来。有些在建筑物上多次出现的形体可以多角度重复表现，注意构图的合理性（图 2–20*c*）。

(*a*)
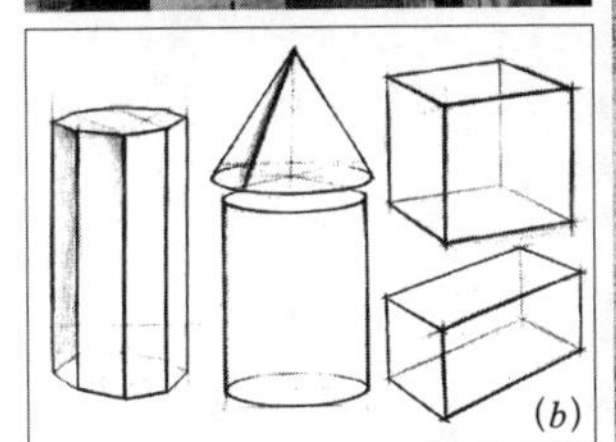
(*b*)

(*c*)

图 2–20

造型分解素材

3 教学单元3 静物素描与造型的分解、重组训练

静物素描与造型的分解、重组训练主要分为静物结构素描训练、静物全因素素描训练和造型的分解与重组训练三部分。在几何形体素描训练中，我们认识了物体形态变化的基本元素，掌握了基本的造型方法，初步建立了空间形态意识，而静物素描则是在此基础上进一步丰富了造型内容，表现对象造型更为现实化，同时表现难度也随之增加。静物形体结构与几何形体存在着不可分割的内在联系，静物的形体结构是由多个几何形体组合、演变而成的（图 3–1），因此静物素描训练是将几何形体素描训练加以升华并承上启下的重要环节，是我们绘画能力大幅度提升的关键阶段，能够进一步提高专业造型能力和审美能力。

造型的分解与重组训练也是与静物素描训练相配套的训练形式，主要在课下完成，它不仅要对建筑形体进行分解，也要把静物形体加以分解，然后再将分解出来的形体重新组合为静物或建筑的造型。这个过程比单纯的建筑造型分解要复杂一些，对学生专业造型能力的提高具有重大意义。

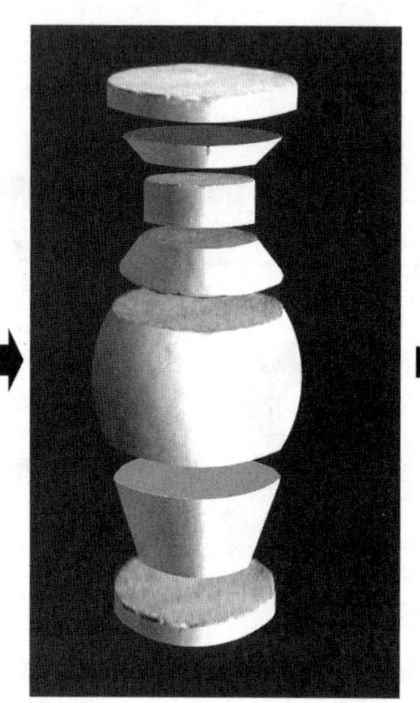
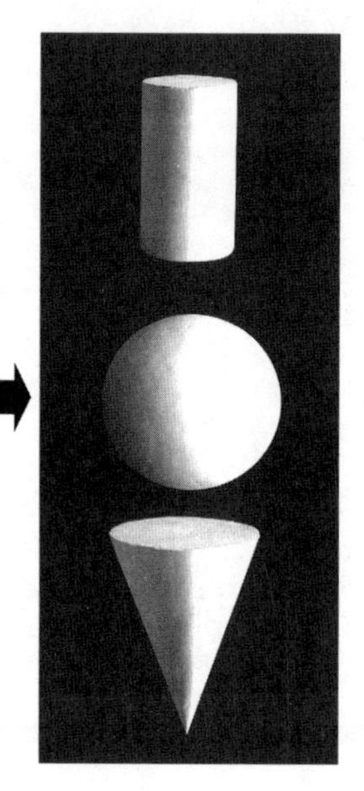

图 3–1

教学目标与计划

学时	教学目标和主要内容				
	任务名称	能力目标	知识目标	主要内容及说明	课下作业
4	任务9 单个静物结构素描写生； 任务10 静物造型的分解与重组（结构素描表现）	1. 能够运用标准的线条表现单个静物的造型； 2. 能够将静物造型与几何形体造型相互转化	1. 理解组成罐子与苹果的基本结构形态； 2. 掌握静物结构的表现方法； 3. 掌握静物造型分解与重组的方法	1. 写生对象为罐子与苹果，写生前教师要进行讲解与示范； 2. 静物造型的分解与重组（结构素描表现）任务在该单元课下完成，教师在课上要对该任务进行讲解与示范	任务10 静物造型的分解与重组（结构素描表现）

续表

学时	教学目标和主要内容				
	任务名称	能力目标	知识目标	主要内容及说明	课下作业
4×2	任务11 静物组合结构素描写生； 任务12 建筑造型的分解与重组（结构素描表现）	1.能够以结构素描的形式表现静物组合的画面； 2.能够将建筑造型分解为几何形体并重新组合为建筑造型	1.掌握静物结构的表现方法与步骤； 2.掌握建筑造型分解与重组的方法	1.静物组合结构素描写生分为两个部分进行，每个部分内容难度各不相同，教师要对该任务进行讲解与示范； 2.建筑造型的分解与重组（结构素描表现）任务在每个单元课下完成.教师在课上要对该任务进行讲解与示范	任务12 建筑造型分解与重组（结构素描表现）
4	任务13 单个静物全因素素描写生； 任务14 静物造型的分解与重组（全因素素描表现）	1.能够运用全因素素描的表现手段塑造单个静物的造型； 2.能够将静物造型与几何形体造型相互转化	1.掌握三大面、五大调子的表现方法； 2.掌握细节的表现方法； 3.掌握静物造型分解与重组的方法	1.写生对象为罐子与苹果，写生前教师要进行讲解与示范； 2.静物造型的分解与重组（全因素素描表现）任务在该单元课下完成，教师在课上要对该任务进行讲解与示范	任务14 静物造型的分解与重组（全因素素描表现）
4×2	任务15 静物组合全因素素描写生； 任务16 建筑造型的分解与重组（全因素素描表现）	1.能够用全因素素描手法表现组合静物； 2.能够将建筑造型分解为几何形体并重新组合表现为建筑造型	1.掌握静物全因素的表现方法与步骤； 2.掌握建筑结构造型分解与重组的方法与步骤	1.静物组合全因素素描写生分为两个部分进行，每个部分内容难度各不同，教师要对该任务进行讲解与示范； 2.建筑造型的分解与重组（全因素素描表现）任务在该单元课下完成，教师在课上要对该任务进行讲解与示范	任务16 建筑造型分解与重组（全因素素描表现）

3.1 静物结构素描训练

静物结构素描是以线条为主要手段来表现物体的结构与空间的素描形式。它的实质是剖析物象的结构，通过线条的强弱、粗细对比来表现物象内外部构造及空间关系，偶尔使用简单的调子来加强体积及空间效果。结构素描以形体比例与透视为客观前提，在表现外部结构的同时推理剖析形体内部结构，建立具有三维观念的视觉形象（图 3–2）。

3.1.1 结构素描的表现方法

静物结构素描的表现方法基本与几何形体结构素描相同，在形体剖析上都比较理性，忽视外在的非结构因素，以线条为主要表现手段。静物结构更为复杂，分析和表现形体要把客观对象想象成透明体，把物体自身的前与后、内与外的结

图 3–2

构表达出来，这实际上就是在训练我们对三维空间的想象能力和表现能力。静物结构素描要表现出形体是以什么形式存在于空间中，它的各局部是通过什么方式组合成一个整体的，而非结构方面的因素往往就要忽略不计。这一切都从它的基本表现语言——“线条”开始。

1. 线条的表现

静物结构素描作画时，在线条的运用上依然按照“先长后短、先方后圆、先松后紧、近实远虚”的原则，同时要运用多种不同的线条表现不同幅度的形体转折，力求以丰富的线条塑造形体。

辅助线条也是静物结构素描必不可少的造型辅助元素，与画几何形体结构相比，静物结构素描需要借助更多、更丰富的辅助线条与框形来造型，它能够更准确地表现形体比例、结构、透视关系。表现时，辅助线条要弱于一切形体结构线条，不能与结构线相混淆，在形体塑造完成时可以保留。

2. 线条的穿插

静物造型及结构要比几何形体复杂，而且表现结构时需要内外部线条同时画，这就避免不了线条之间的穿插，有时线条间相互穿插关系也会比较复杂，处理不好会导致空间混乱。这就要求我们头脑要保持清晰、理性，时刻以“近实远虚、外实内虚”为原则，控制好线条的虚实关系。结构素描要求我们把客观对象想象成透明体，把物体自身的前后、内外的结构都表达出来，所以要分清线条的前后关系、强弱关系。

3.1.2 静物结构素描的作画步骤

1. 起稿

(1) 构图定位

先根据静物整体框架比例，将画面上、下、左、右物体边缘的位置用短线条初步确定，使画面构图框架比例与真实静物所形成的框架比例一致(图 3–3)。

这个阶段要注意上、下、左、右四个边距的比例，上边距与下边距的比例至少是 1 ： 2，让画面最上端物体以外的空间小一些，最下端物体以外的空间大一些，防止画面构图产生“下沉”感。这个比例不是绝对的，但

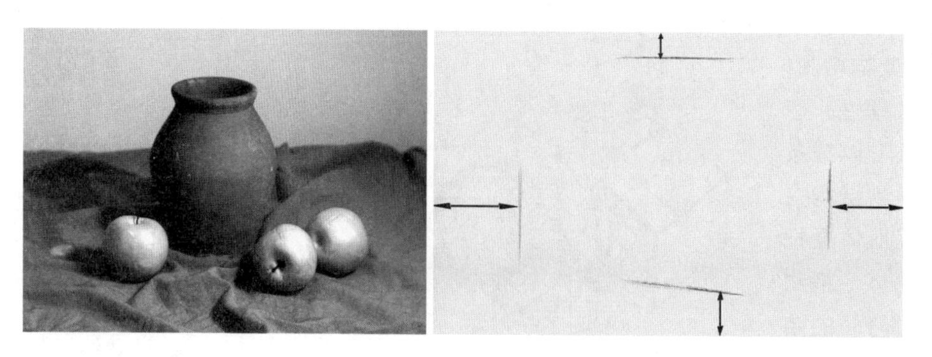

图 3–3

对于基础阶段的学生来说应该遵循这一原则。左边距与右边距的比例一般是 1 ∶ 1 左右，也就是左边距与右边距差不多，不能绝对相等，防止构图呆板。在保证以上比例正确的前提下，还要注意这四个边距不能太大，也不能太小，边距过大会造成画面构图偏小，反之则造成构图偏大，具体大小要根据视觉经验而定。

图 3–4（上）
图 3–5（中）
图 3–6（下）

在确定整体构图框架之后，根据静物中物体之间的大小比例、距离、"重叠"与"独立"关系，用简练的线条"圈"出每个物体的位置，然后观察比较比例是否准确（图 3–4）。

(2) 建立线稿

根据先前勾勒出的物体位置，用线条画出物体的轮廓和基本结构。

这一阶段要注意三点：第一，要多观察物体形体特征，轮廓、比例、结构和透视关系的表现要力求准确，线条要根据前后关系富有强弱变化，不能画得过重；第二，形体表现要概括，表现物体的主要结构，忽略细节，保持画面整体性；第三，物体外在结构与内部结构要同时表现出来，内部结构线条颜色要淡一些（图 3–5）。

2. 深入刻画

对形体及结构进行具体、细致地刻画，增加细节，通过线条的虚实关系为画面营造空间效果（图 3–6）。

这一阶段要注意四点：第一，强调主要结构及轮廓线，将原来的线条完整化、连贯化，注意线条虚实的控制，按照"近强远弱"的原则，尽可能地丰富线条的黑白层次，让形体空间感增强；第二，将形体外在结构加以刻画，使物体真实感加强；第三，加强整体空间关系的控制，突出主体；第四，注意单个形体上每个结构之间的穿插关系，抓住结构的转折部位，将每个形体结构的来龙去脉表现清晰。

3. 调整

整体观察画面，对有问题的局部进行调整，达到满意的效果。调整主要是对画面局部进行修改，不宜做大幅度的改动，如果画面局部没有问题，则无需调整。

3.1.3 单个静物结构素描训练

分析静物结构最重要的是观察，动笔之前一定要认真剖析单个物体的内外部构造，将物体结构用几何形体解析，全面了解物体的来龙去脉再去表现，这样才能准确表现出静物结构素描（图 3–7）。

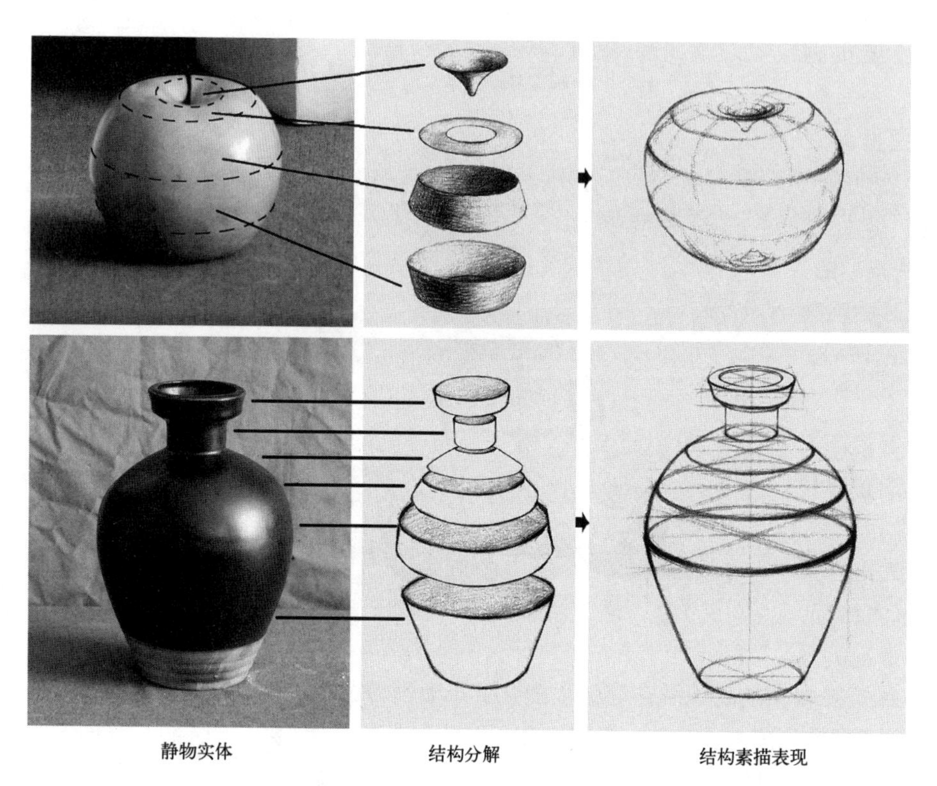

图 3–7

1. 任务 9　单个静物结构素描写生

目的：理解组成罐子与苹果的基本结构形态，掌握静物结构的表现方法。

工具：素描纸、铅笔、橡皮、画板等。

内容：罐子与苹果。

时间：180 分钟。

2. 课下作业

任务 10　静物造型的分解与重组（结构素描表现），详见“3.2 静物造型的分解与重组（结构素描表现）训练”；分解与重组的对象在“造型分解与重组素材”中选择。

单个静物结构素描临摹与赏析作品

3.1.4 静物组合结构素描

1. 任务 11　静物组合结构素描写生 A、B

目的：掌握静物结构的表现方法与步骤，能够以结构素描的形式表现静物组合的画面并准确把握空间关系。

工具：素描纸、铅笔、橡皮、画板等。

内容：写生 A，5 个形体组合；

　　　写生 B，6 个形体组合。

时间：写生 A，180 分钟；

　　　写生 B，180 分钟。

2. 课下作业

任务 12　建筑造型的分解与重组（结构素描表现），详见“3.3 建筑造型分解与重组（结构素描表现）训练”；分解与重组的对象在“造型分解与重组素材”中选择。

静物结构素描临摹与赏析作品

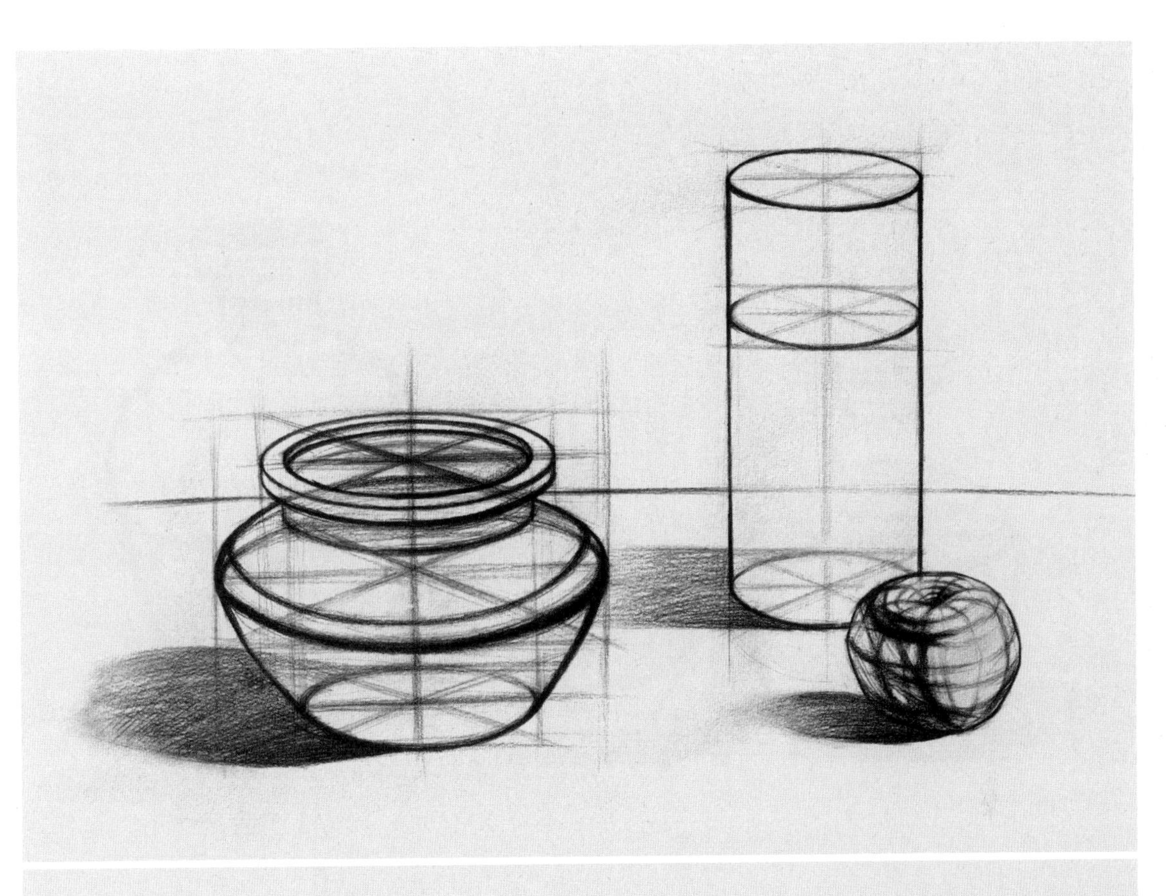

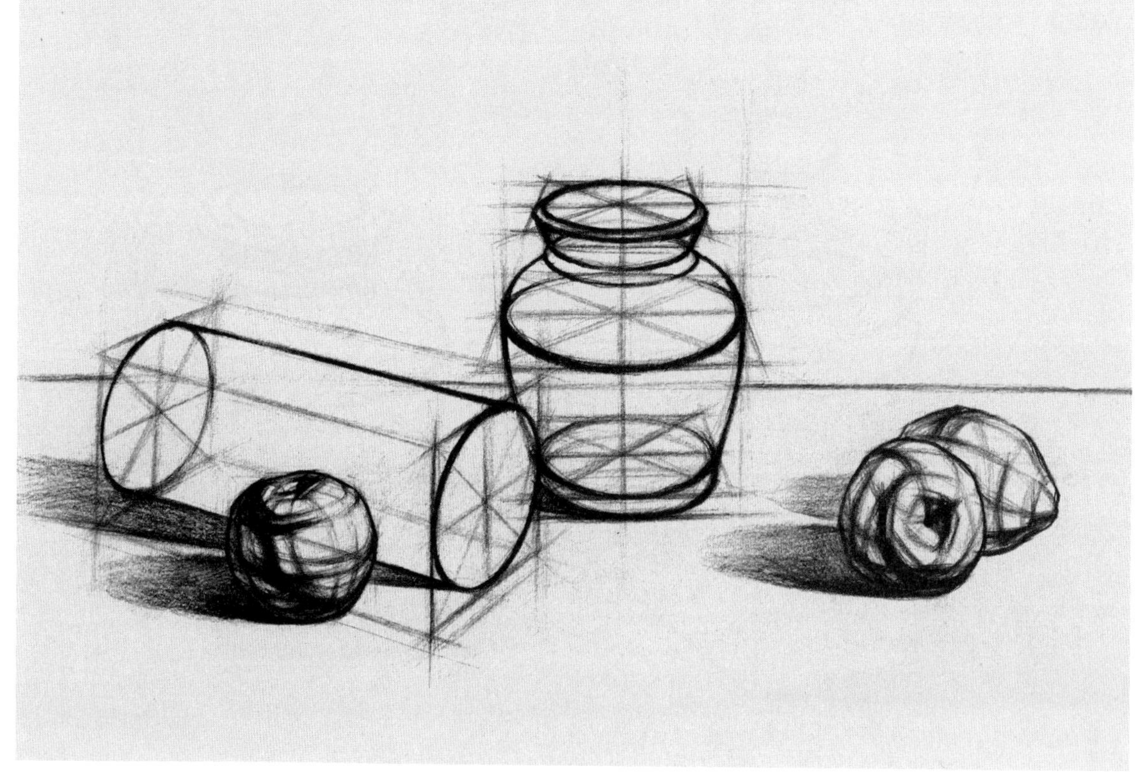

3.2 静物造型的分解与重组（结构素描表现）训练

3.2.1 任务 10 静物造型的分解与重组（结构素描表现）

目的：掌握静物造型分解与重组的方法，能够将静物造型与几何形体造型相互转化。

工具：素描纸、铅笔、橡皮、画板等。

内容：以罐子、水果为主的静物造型的分解与重组（在“造型分解与重组素材”中选择对象）。

时间：120 分钟。

3.2.2 静物造型分解与重组（结构素描表现）的方法与步骤（图 3–8）

1. 在“造型分解与重组素材”中选择一张静物图片贴在一张 4 开素描纸的左上角处（图 3–8*a*）；

2. 观察图片中物体各个部分结构，分析每个物体形态属于哪种几何形体（图 3–8*b*）；

3. 将观察分析出来的几何形体以结构素描的形式表现于素描纸的指定位置（图 3–8*c*）；

4. 在素描纸的右侧将这些几何形体重新组合成原来的静物造型并以结构素描的形式表现出来（图 3–8*d*）。

图 3–8
(*a*) 静物照片；
(*b*) 结构分析；
(*c*) 分解表现；
(*d*) 重组表现

3.3 建筑造型的分解与重组（结构素描表现）训练

3.3.1 任务 12 建筑造型的分解与重组（结构素描表现）A、B

目的：掌握建筑造型分解与重组的方法，能够将建筑造型分解为几何形体并重新组合为建筑造型。

工具：素描纸、铅笔、橡皮、画板等。

内容：从“造型分解与重组素材”中选择建筑图片，对建筑造型进行分解与重组表现。

时间：A，100 分钟；

B，100 分钟。

3.3.2 建筑造型分解与重组（结构素描表现）的方法与步骤（图 3–9）

1. 在“造型分解与重组素材”中选择一张建筑实物图片贴在一张 4 开素描纸的左上角处（图 3–9*a*）；

2. 观察图片中建筑各个部分的结构，分析其形态属于哪种几何形体；

3. 将观察分析出来的形体以草图的形式表现于素描纸的指定位置（图 3–9*b*）；

4. 在素描纸的右侧将这些几何形体以结构素描的形式表现出来。有些在建筑物上多次出现的形体可以多角度重复表现，注意构图的合理性（图 3–9*c*）。

5. 在素描纸的右侧将这些几何形体重新组合成原来的建筑造型并以结构素描的形式表现出来（图 3–9*d*）。

图 3–9
(*a*) 建筑图片；
(*b*) 结构分解；
(*c*) 分解表现；
(*d*) 重组表现

3.4 静物全因素素描训练

静物全因素素描是用明暗表现手段来表现被画对象的素描形式，它强调对物象明暗关系、肌理效果、质感及空间等因素的表现，比较接近对象的客观状态，真实感强。

3.4.1 静物全因素素描的表现方法

1. 明暗关系的表现

静物素描的明暗关系与几何形体素描的明暗关系是一致的，通过三大面与五大调子来表现。三大面由亮面、灰面和暗面组成；五大调子包括亮调子、中间调子、明暗交界线、暗调子、反光。在素描中各个明暗层次所形成的对比关系及空间效果被称为明暗关系或黑白关系。绘画时要求明暗关系明确，明暗层次丰富，相邻层次的调子明暗过于接近，表现出的物体空间感就会很弱，画面会出现"灰"的效果（图 3–10）；相邻层次的调子明暗对比过强，表现出的物体就会出现生硬、单薄、躁动的不客观效果（图 3–11）。

素描中不同的明暗层次即调子，调子一般是由线条多次有规律的层层排列形成的，每一层调子的方向要有变化，形成网格状，这样看起来明暗层次才会丰富而又浑厚，透气而不死板。"排调子"的方法与几何形体素描是一致的，只有大量练习，达到熟能生巧，才能客观地表现出不同物体的明暗层次。

2. 整体关系

整体关系包括整体黑白关系和整体刻画关系。静物全因素素描中写生的对象一般由不同颜色的物体组成，物体颜色由最深到最浅分成若干个等级，这种不同深浅颜色的对比关系就是素描中的整体黑白关系。整体黑白关系是建立在被刻画对象客观对比之上的，是为个体建立明暗关系的客观前提，也是保持和谐对比关系的关键因素。整体刻画关系是指素描中局部明暗关系与整体明暗关系、局部深入程度与整体深入程度是否和谐同步。每个物体明暗关系是一致的，深入程度也是一致的，那么整体刻画关系便是和谐同步的，如若不然，画面关系必然是扭曲的、不整体的。

图 3–10（左）
图 3–11（右）

在具备了刻画能力后，决定画面成败的关键因素就是整体关系，控制整体关系的方法就是“整体地观察与整体地画”。整体地观察必须是由“整体到局部，再从局部回到整体”的过程，在观察中把握整体与局部、局部与局部的对比关系，包括整体黑白关系与细节刻画程度。初学绘画者容易着眼于局部，不注意整体观察，所以在写生练习的过程中往往有的地方画过了头，有的地方却画得不充足，使整体与局部相互脱节，画面呈现不完整的状态。整体地画是指画面从概括到深入的每个过程中所有物体刻画进度都应保持一致，即在任何一个阶段都要同时地去刻画所有物体，让它们随时都保持着明确的对比关系。

一切事物都是不可分割的整体，事物的整体与局部都有内在的联系。我们需要多方面、多次的比较，最终画准我们要表现的形体。绘画就是要从整体出发，始终保持从“整体到局部，再由局部到整体”的作画过程。

3.4.2 静物全因素素描的作画步骤

1. 起稿

与结构素描相同，先确定构图，然后用简练的线条画出物体的轮廓、明暗交界线及主要结构（图 3–12）。

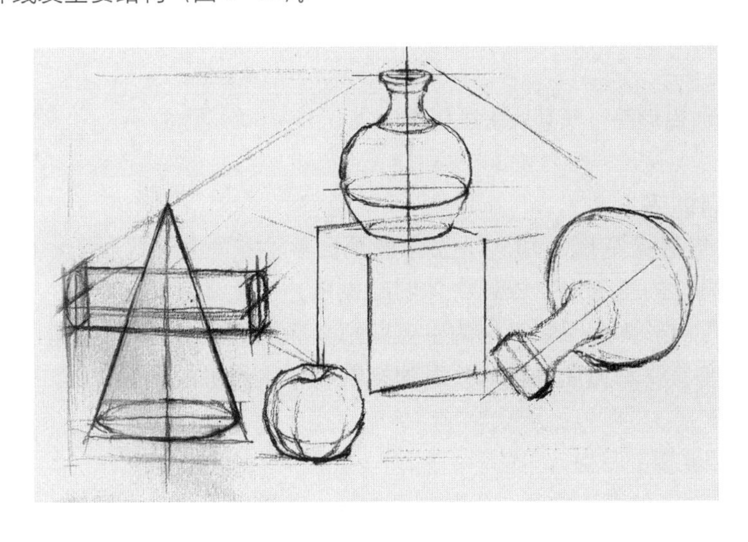

图 3–12

2. 建立整体关系

全因素素描是以物体明暗关系为参照，用光影效果来表现物体空间的，因此，在把握住形体结构的基础上，明暗关系的表现成为一个关键因素。在这个关系阶段要注意以下几点：第一，先画颜色最重的物体，按照物体颜色由重到亮的顺序依次来画，这样有助于整体关系的把握；第二，要从明暗交界线入手，从暗部开始画，逐渐向亮部过渡，调子层次不要太多，明暗过渡不要太含蓄；第三，调子不要上得过重，排线不要过密，铅笔要选择 B 数大的，不宜过硬；第四，保持整体明暗对比，但不要对比太强，刻画浅颜色物体要控制用笔力度；第五，注意外形与明暗面之间概括的统一性，不要将轮廓圈得过“紧”（图 3–13）。

图 3–13（左）
图 3–14（右）

3. 深入刻画

保持整体关系，丰富调子层次，加强明暗对比，细致刻画物体的结构细节、质感、空间等因素（图 3–14）。

这一阶段要注意四点：第一，始终把握住整体关系不变，以整体的观念布局画面；第二，注意控制调子的细腻程度，随着画面的深入，调子应该逐渐细腻，调子层次也应该不断丰富；第三，将能看到的物体外部因素细致描绘，使物体真实感加强；第四，注意明暗交界线不要画得过硬或过于柔和。

4. 调整（完成）

对画面的不理想因素进行适当调整，使其效果达到最佳。

3.4.3　单个静物全因素素描训练

静物全因素素描是在结构素描基础上加入了光影表现因素，在尊重结构素描中结构原理与透视原理的基础上，表现物体明暗关系，使之更具真实感。静物全因素素描与几何形体全因素素描的主要区别是静物的质感与颜色更为丰富，因此在表现上要更加注重整体关系的控制和物体质感的表现。

1. 任务 13　单个静物全因素素描写生

目的：掌握三大面、五大调子的表现方法与细节刻画方法，能够运用全因素素描的表现手段塑造单个静物的造型。

工具：素描纸、铅笔、橡皮、画板等。

内容：罐子与苹果。

时间：180 分钟。

2. 课下作业

任务 14　静物造型的分解与重组（全因素素描表现），详见“3.5 静物造型的分解与重组（全因素素描表现）训练”；分解与重组的对象在“造型分解与重组素材”中选择。

单个静物全因素素描临摹与赏析作品

3.4.4 静物组合全因素素描

1. 任务 15 静物组合全因素素描写生 A、B

目的：掌握静物全因素的表现方法与步骤，能够以全因素素描的形式表现静物造型及空间关系。

工具：素描纸、铅笔、橡皮、画板等。

内容：写生 A，6 个形体组合；

写生 B，6 个形体组合。

时间：写生 A，180 分钟；

写生 B，180 分钟。

2. 课下作业

任务 16 建筑造型的分解与重组（全因素素描表现），详见“3.6 建筑造型分解与重组（全因素素描表现）训练”；分解与重组对象在“造型分解与重组素材”中选择。

静物全因素素描临摹与赏析作品

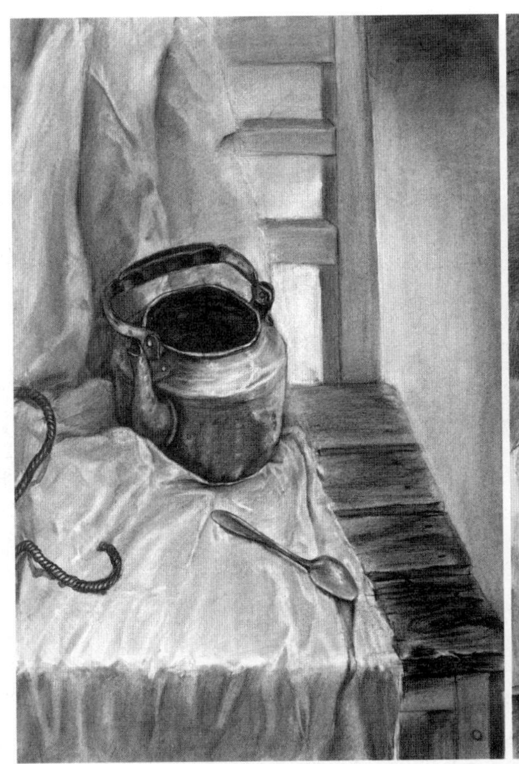

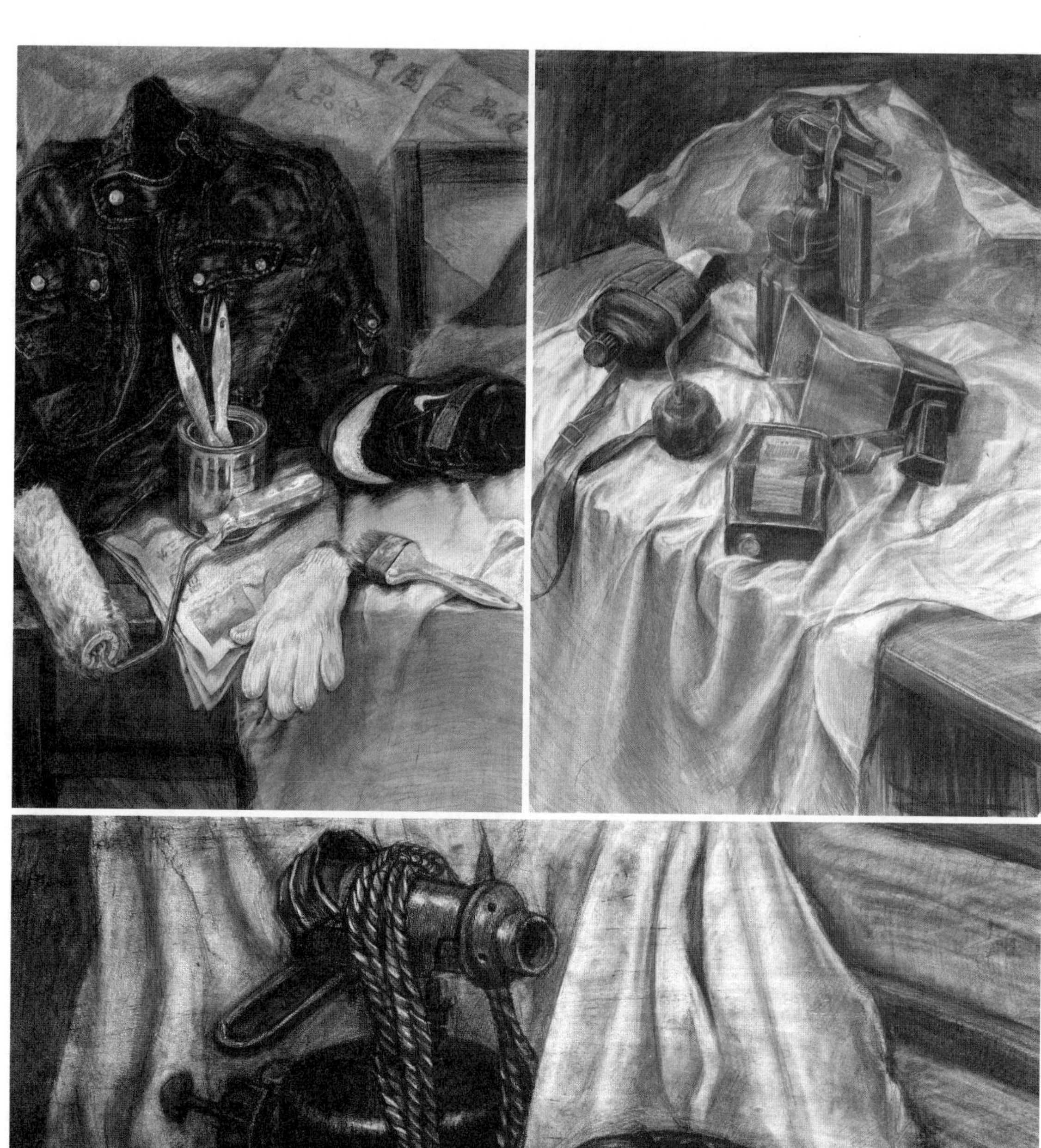

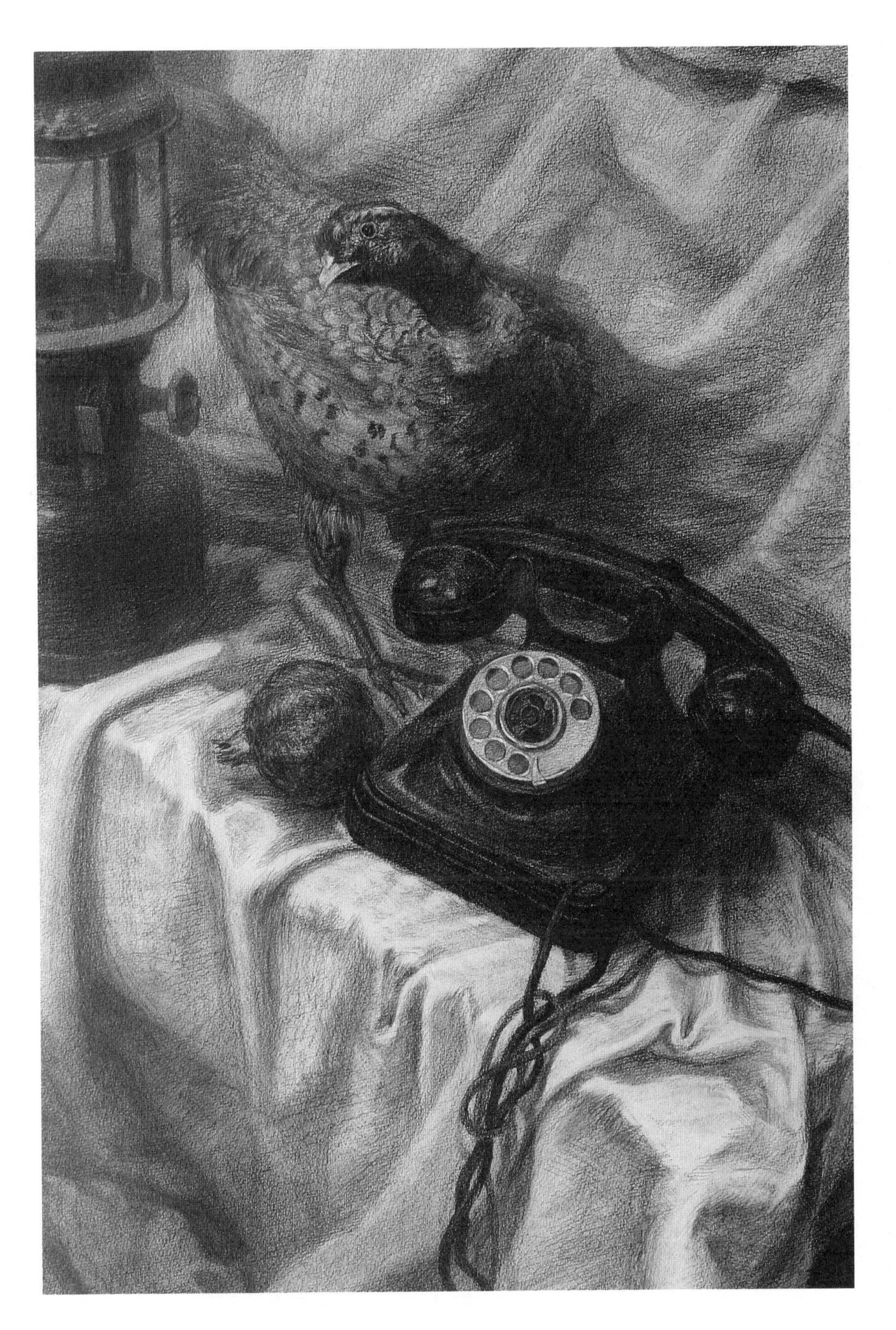

3.5 静物造型的分解与重组（全因素素描表现）训练

3.5.1 任务 14 静物造型的分解与重组（全因素素描表现）

目的：掌握静物造型分解与重组的方法，能够将静物造型与几何形体造型相互转化。

工具：素描纸、铅笔、橡皮、画板等。

内容：在“造型分解与重组素材”中选择静物图片，对图片上的静物造型进行分解与重组表现。

时间：120 分钟。

3.5.2 静物造型分解与重组(全因素素描表现)的方法与步骤(图 3—15)

1. 在“造型分解与重组素材”中选择一张静物照片贴在一张 4 开素描纸的左上角处（图 3—15*a*）；

2. 观察图片中物体各个部分结构，分析每个物体形态属于哪种几何形体（图 3—15*b*）；

3. 将观察分析出来的几何形体以全因素素描的形式表现于素描纸的指定位置（图 3—15*c*）；

4. 在素描纸的右侧将这些几何形体重新组合成原来的静物造型并以全因素素描的形式表现出来（图 3—15*d*）。

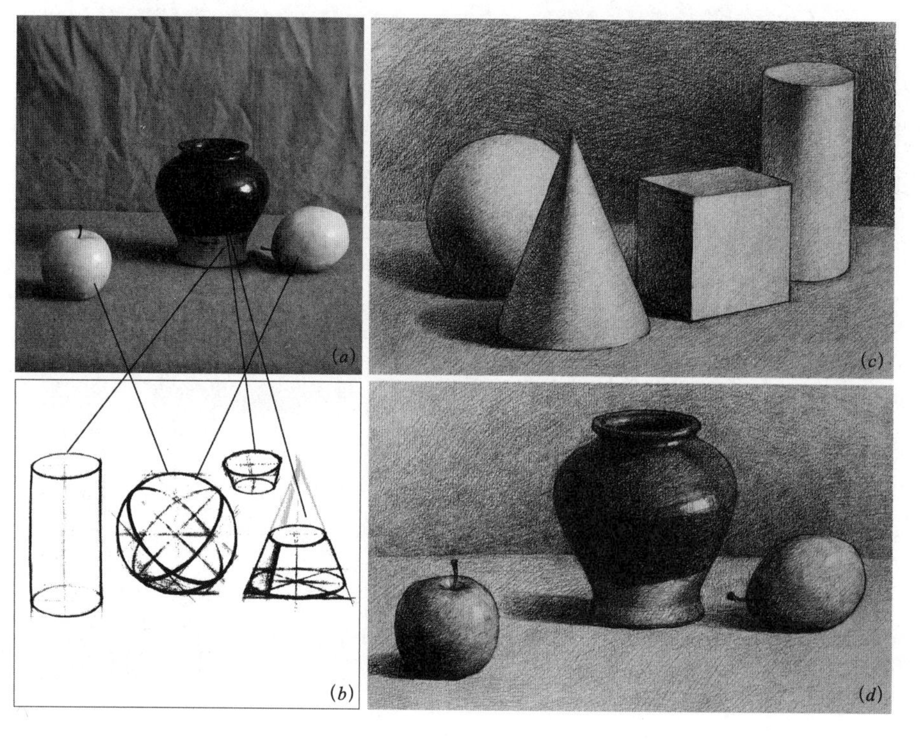

图 3—15
(*a*) 分解对象；
(*b*) 结构分解；
(*c*) 分解表现；
(*d*) 重组表现

3.6 建筑造型的分解与重组（全因素素描表现）训练

3.6.1 任务 16 建筑造型的分解与重组（全因素素描表现）A、B

目的：掌握建筑造型分解与重组的方法与步骤，能够将建筑造型分解为几何形体并重新组合表现为建筑造型。

工具：素描纸、铅笔、橡皮、画板等。

内容：在"造型分解与重组素材"中选择建筑图片，对图片上的建筑造型进行分解与重组表现。

时间：A，100 分钟；

B，100 分钟。

3.6.2 建筑造型分解与重组(全因素素描表现)的方法与步骤(图 3–16)

1. 选择一张建筑实物图片贴在一张 4 开素描纸的左上角处（图 3–16*a*）；

2. 观察图片中建筑各个部分的结构，分析其形态属于哪种几何形体，并将观察分析出来的形体以草图的形式表现于素描纸的指定位置（图 3–16*b*）；

3. 在素描纸的右侧将这些几何形体以全因素素描的形式表现出来。有些在建筑物上多次出现的形体可以多角度重复表现，注意构图的合理性（图 3–16*c*）；

4. 在素描纸的右侧将这些几何形体重新组合成原来的建筑造型并以全因素素描的形式表现出来（图 3–16*d*）。

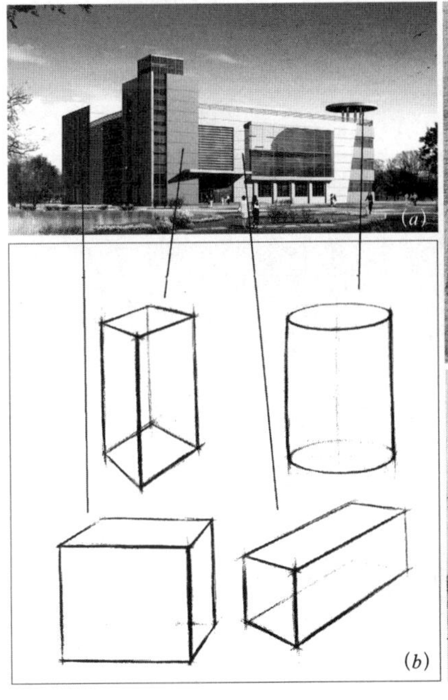

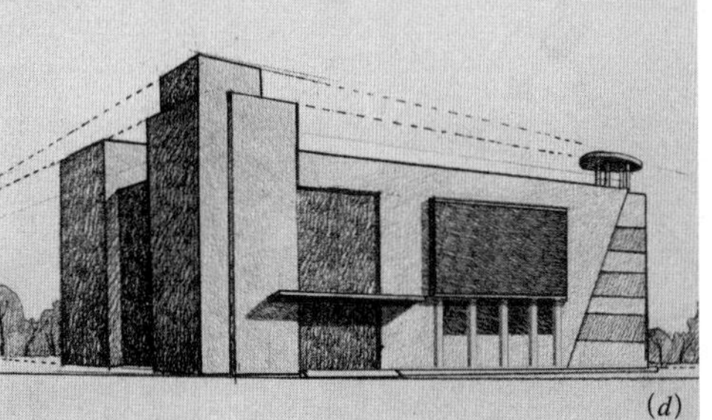

图 3–16
(*a*) 建筑图片；
(*b*) 造型分解；
(*c*) 分解表现；
(*d*) 重组表现

造型分解与重组素材

壽

4

教学单元4　建筑景观素描训练

建筑景观素描训练是将前面各单元训练内容中所积累的造型能力综合发挥与运用的环节，通过建筑景观素描的训练，不仅能够进一步提高学生的基本造型能力，更能够加强专业造型表现能力，使训练内容直接作用于专业。

教学目标与计划

学时	教学目标和主要内容				
	任务名称	能力目标	知识目标	主要内容及说明	课下作业
4	任务17 建筑素描	具备塑造建筑造型的能力	1. 掌握建筑造型的透视规律、结构特征和表现方法； 2. 掌握建筑景观素描的表现方法	1. 写生对象为建筑，以全因素形式写生，写生前教师要进行讲解与示范； 2. 由于季节特点不便于写生的地区，可以选择景物照片模拟写生	建筑景观素描临摹
4	任务18 树木素描	具备塑造树木造型的能力	1. 掌握树木造型的结构特征和表现方法； 2. 掌握建筑景观素描的表现方法	1. 写生对象为树木，以全因素形式写生，写生前教师要进行讲解与示范； 2. 由于季节特点不便于写生的地区，可以选择景物照片模拟写生	树木景观素描临摹

4.1 建筑素描训练

4.1.1 建筑素描的表现方法与步骤

1. 建筑的透视

建筑的透视与几何形体、静物的透视原理基本相同，静物写生中我们观察对象都处在俯视的角度，而建筑形体因为其体积庞大，观察视线既有俯视又有仰视，而且透视效果强烈，因此建筑透视关系更难于表现。把握建筑的透视关系，主要靠观察，观察中要先确定是平行透视还是成角透视，再找到消失点，把握住近大远小、近高远低的规律，整体地观察并表现对象（图 4–1、图 4–2）。

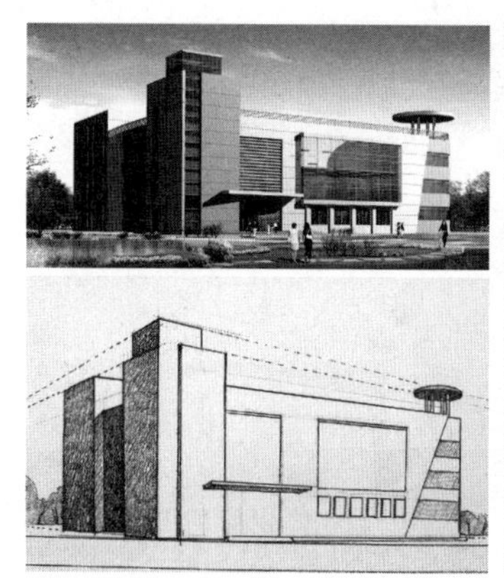

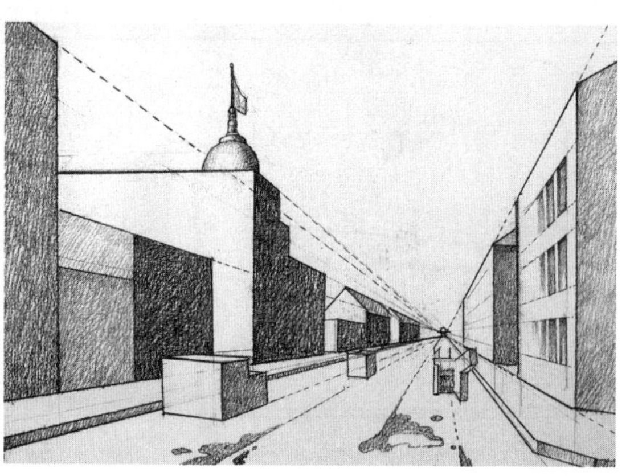

图 4–1（左）
图 4–2（右）

2. 建筑素描的画法与步骤

建筑景观素描的表现与静物素描的表现方法基本相同，也分为起稿、建立整体关系、深入刻画和调整四个步骤。起稿时要注意观察建筑的透视关系。深入刻画时要注意抓住画面主次关系、形体概括与细节描绘的关系，主体要突出，不要在不重要的地方画得过细，也不要将形体概括得过于简单。深入刻画过程中要始终把握住整体关系，这是画任何一种素描都必须坚持的原则，也是画好一幅画的关键。

步骤一：确定构图，用简练的线条确定建筑基本比例关系（图 4–3）。

步骤二：用线条概括地表现出建筑基本结构（图 4–4）。

步骤三：为建筑形体建立大的黑白关系（图 4–5）。

完成：保持整体关系，深入刻画、表现细节（图 4–6）。

4.1.2　任务 17　建筑素描

目的：掌握建筑造型的透视规律、结构特征和表现方法，通过训练具备塑造建筑造型的能力。

工具：素描纸、铅笔、橡皮、画板等。

内容：以建筑为主的景物写生。

时间：180 分钟。

4.1.3　课下作业

临摹建筑素描两张。

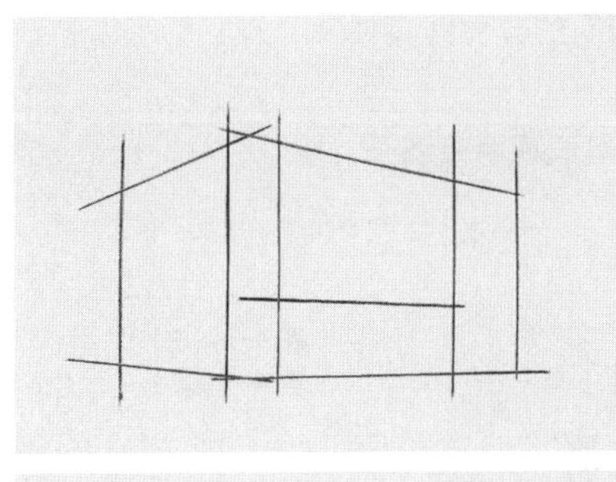

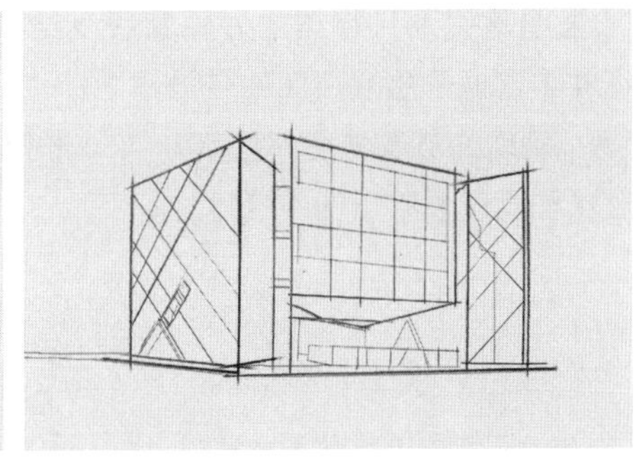

图 4–3（左）
图 4–4（右）

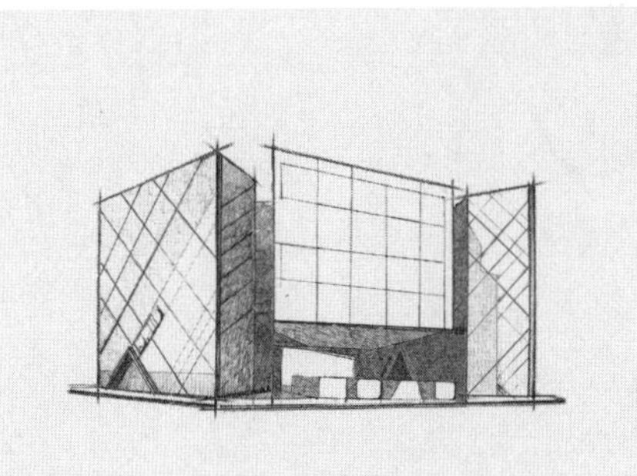

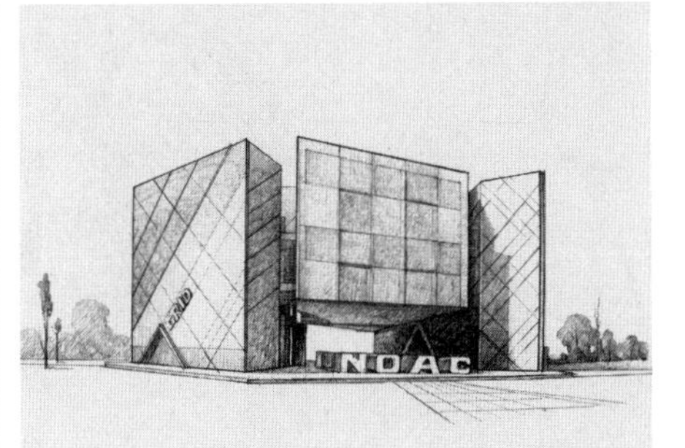

图 4–5（左）
图 4–6（右）

4.2　树木素描训练

4.2.1　树的表现方法与步骤

树的造型看上去比较复杂，很难画，初学者不知从何入手，但如果认真分析其结构，理解其结构规律，采用正确的方法画就不再难了。

我们用几何形体分析树的结构，通过观察可以发现照片中树的外形近似一个球体，其明暗关系符合球体的变化规律；再看树的结构，树干呈圆柱形，其他部分都近似球体，树叶呈椭圆形。这样就得到了这棵树的基本构成元素——球体、圆柱、椭圆形（图 4–7）。

图 4–7

接下来分成几个步骤进行表现：

步骤一：用线概括出树的外形及其结构（图 4–8）。

步骤二：画出每个结构及整体的明暗交界线，建立大的黑白关系（图 4–9）。

步骤三：进一步加强明暗关系，将树的外轮廓线及结构间的分界线具体化，体现树的外形特征并丰富调子层次（图 4–10）。

完成：加强整体关系、表现细节及特征，注意以"O"形用笔表现明暗调子，这样能够画出树叶的形状和肌理效果（图 4–11）。

图 4–8（左）
图 4–9（右）

图 4–10（左）
图 4–11（右）

4.2.2 任务 18 树木素描

目的：掌握树木造型的透视规律、结构特征和表现方法；通过训练具备塑造树木造型的能力。

工具：素描纸、铅笔、橡皮、画板等。

内容：以树木为主的景物写生。

时间：180 分钟。

4.2.3 课下作业

临摹树木素描两张。

建筑景观素描临摹与赏析作品

5

教学单元 5　立体空间造型设计与表现训练

立体空间造型设计与表现训练是将素描造型能力与空间设计思维相结合的造型训练形式，以造型实体空间设计与制作为主体内容。通过对空间造型的设计、绘画表现与实体制作的过程，既可以加强素描造型能力，又能培养学生的空间思维能力、设计能力和创造力。这个环节的训练是学生走向专业设计的重要平台，对专业能力的培养具有重要意义。基本训练过程分为三步：第一步是根据造型空间设计基本法则与形式等理论对主题进行设计构思并勾勒草稿；第二步是以素描的形式将空间设计主题表现出来；第三步是运用材料进行实体造型制作。

教学目标与计划

学时	教学目标和主要内容				
	任务名称	能力目标	知识目标	主要内容及说明	课下作业
4×2	任务19　线材构成设计与制作	1.能够利用线体元素设计空间造型的能力； 2.能够以素描形式表现空间造型的能力	1.理解线体的含义； 2.掌握线立体元素构成形式、方法及法则	1.分别以软线体和硬线体为基本元素进行空间造型设计； 2.该任务的设计与制作过程耗时较长，需延伸至课下	任务19　线材构成设计与制作
4×3	任务20　面体元素空间造型设计与制作	1.能够利用面材元素设计空间造型的能力； 2.能够以素描形式表现空间造型的能力	1.理解立体元素面体的含义； 2.掌握面体构成形式及法则	1.单体集聚式和自由式面体造型设计与制作； 2.该任务的设计与制作过程耗时较长，需延伸至课下	任务20　面体元素空间造型设计与制作
4×4	任务21　块立体构成设计与制作	1.能够利用常见的建筑元素设计空间造型与平立造型相互转化的能力； 2.能够以素描形式表现空间造型的能力	理解立体元素块体的含义，掌握构成形式、方法及法则	1.正六面体的分割设计与制作； 2.球体直线分割设计与制作； 3.块的重复性积聚设计与制作； 4.块的自由积聚设计与制作； 5.该任务的设计与制作过程耗时较长，需延伸至课下	任务21　块立体构成设计与制作

5.1　立体空间造型设计概述

立体空间造型设计又叫作立体构成，是将造型元素按照一定的形式与法则，在虚拟的空间中重新构建成一个新的具有形式美感的实体空间造型。相同的元素可以构成多种形式的造型，构成空间千变万化。学习立体空间造型设计可以极大地开发我们的空间想象力与创造力，提高设计能力与审美能力，对于

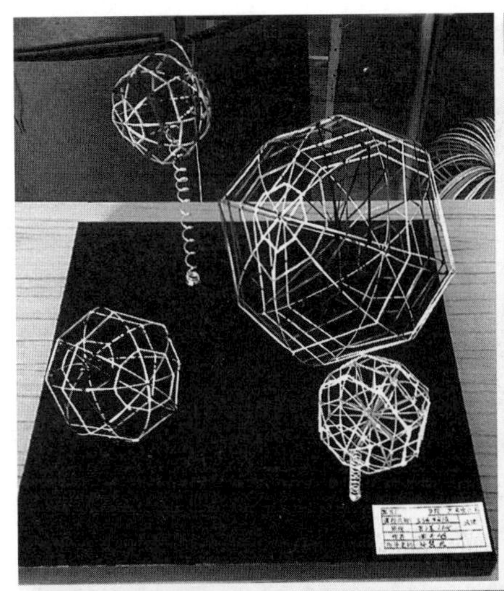

图 5—1

线材构成	面材构成
块材构成	综合构成

建筑设计具有极大的帮助。学习立体空间造型设计需要了解与掌握基本的造型元素、造型形式和设计的法则，同时也需要一定的绘画造型能力，解决了这些基础问题，才能充分发挥我们的想象力，才能进行空间设计。

每一个完整的空间造型都是由多个造型要素组成的，不同形态的要素组成的造型形式各有不同。依据元素形态及材质可分为线体构成、面体构成、块体构成和综合元素构成（图 5—1）。

5.1.1 立体空间造型设计的特性

构成性是立体空间造型设计的理性特征。把“立体构成”一词拆开理解，“立体”是指具有三维度空间的形态，“构成”是构建、组成的意思，那么简单理解立体构成的含义就是把具有三维度空间的形态要素进行组织、构建，形成新的三维形态。在组织、构建的过程中要受到一定的形式美法则的制约，符合艺术美感，因而构成性就代表着一种理性，在这种理性的指导下运用分解与组合的方法予以体现。所谓分解就是将一个完整的造型对象分解为若干个基本造

图 5-2

型要素，实际上是将形态还原到原始的基本状态；而组合则是将最基本的造型要素按照立体造型法则重新组合成新的形态的设计。

空间性是立体空间造型设计的基本特征。空间分为实体空间与虚空间，实体空间是指客观实体所占有的体积，即长度、宽度、深度、高度等，也称为物理空间；虚空间又叫心理空间，它是未被实体空间所占有或未被开发利用的空间，即我们所在的环境。立体构成就是要在虚空间中创造具有三维度的实体空间造型。因此空间性是立体构成的基本特征。

抽象性是立体空间造型设计的造型特征。造型形态要素的多样性与构成形态、形式的多变性，决定了立体造型空间设计的抽象性。首先，形态要素多以几何形体为雏形进行变化与组织，形成新的形态自然具有抽象的外在特征；其次，立体空间造型的构建始终要伴随以“形式美”为核心的理性法则为指导，受到形式美法则的制约使其造型多为抽象，同时抽象形态的艺术形式更能够激发设计者的审美情趣；第三，从设计的目的性来看，立体空间造型设计是为了提高学生的空间思维能力、空间想象能力与空间创造力，抽象的形态设计能够让设计者更全面地发挥想象空间与设计思维，而具象的设计在这方面则具有很大的局限性。尽管抽象形态与具象形态有区别，但抽象并不是完全排斥具象，具象形态中许多新奇的造型可以成为立体造型的借鉴和抽象的启示（图 5-2）。

制作性是立体空间造型设计的显著特征。立体空间造型的最终表现，是靠制作完成的，在设计与制作过程中要考虑工艺、技术、材料、加工等诸多因素。不同的材料有不同的加工工艺和方法，相同的形态以不同的材料制作，也会有不同的效果。要达到理想的形态表现效果，就必须对材料与制作工艺进行系统性的考虑，从而创造出新颖而稳固的立体空间形态。

5.1.2 空间造型要素

空间造型要素是构建立体空间造型的基本元素，也是构建的基本单位，每个空间造型要素必须具备三个因素——长度、宽度、高度，即三维度空间。空间造型要素依据形态、体积的大小可抽象为点、线、面、体，这四种构成要素都是占有三维空间的实体。

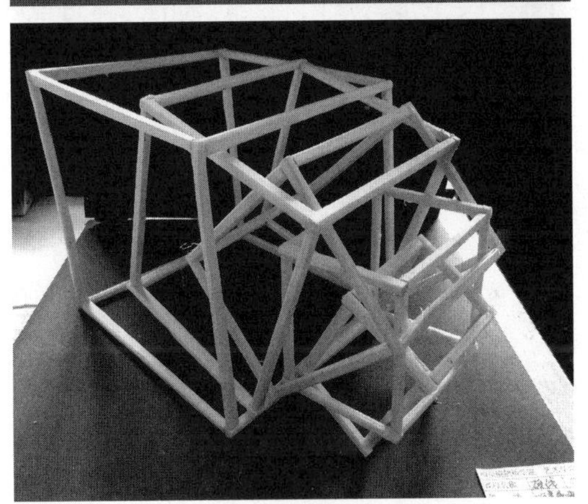

图 5–3（上）
图 5–4（中）
图 5–5（下）

1. 点

立体空间造型中的点是一种具有特殊概念性的点，它必须有体积，无绝对的大小，具有相对性。当小的体块与大的体块形成悬殊对比时，小的体块便是点。比如，足球与地球相比较，足球便是点，而足球与乒乓球相比较，则乒乓球为点，足球为体（图 5–3、图 5–4）。也就是说，在立体空间造型中，单位元素大小相差悬殊时，小的单位元素通常可视为点。

2. 线

立体空间造型中的线是具有三维度的空间实体，不仅有长短的变化，还有粗细、质感的区别。柔软的曲线可以制造变化丰富的形态，硬朗的直线经过重复排列可以获得强烈的动感与张力，不同的线富有不同的情感属性。垂直线具有刚直、挺拔、肃穆、威严的特征；水平的直线具有宁静、平稳、安全、延伸之感；斜线有很强的运动与速度感；折线具有不安和痛苦之感；曲线往往象征着女性，具有柔美、优雅、丰满等特征。不同的线以不同的方式排列能够产生不同的节奏、韵律和不同的美感。

由线体材料按照一定的法则组织构建成的立体空间造型就是线材构成（图 5–5）。

3. 面

立体空间造型中的面本身只有长度、宽度，不具备明显的三维空间特征，但是面经过

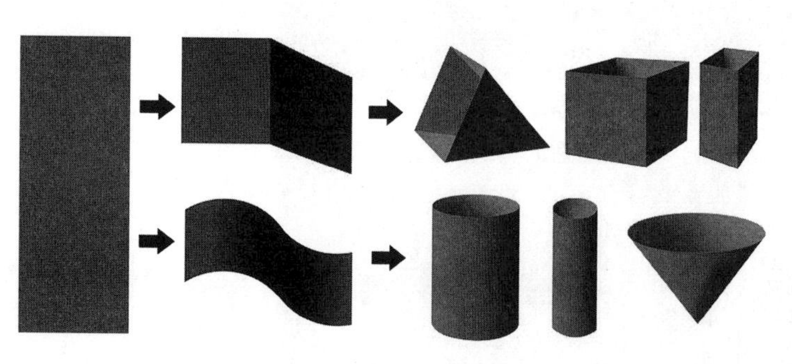

图 5-6（左）
图 5-7（右）

加工和垒积可以形成具有三维度空间特征的形态（图 5-6）。面作为构成空间的基础元素之一具有强烈的可塑性，一种平面形态经过重复垒积和一定形式的组合可以占有一定的空间；面通过折曲、剪裁、包围等加工手段制作出有体积的单位元素，再以不同组合方式可以构成千变万化的空间形态。面在空间形态上可分为平面、曲面和折面三种形态，三种形态均可做有规律和无规律的创造。面可以加工成体块，只要面的延展形成闭合状态，便具有了体块的特征。比如一个方形纸盒，它的盖子被掀开时，它仍然是面体状态，如果盒盖儿被扣上，它则形成了一个封闭的六面体。由面材经过加工后形成不封闭的面体，将面体按照一定的形式法则构建起来的立体造型就是面材构成（图 5-7）。

4. 体

立体空间造型中的体又称体块，它具有明显的三维空间特征，由面包围、闭合产生体积感，是最具体量感和充实感的构成要素。块体除了具备几何学中体块的特点外，还具有重量感，它最直接地表现出物理空间，大而厚的块体能产生深厚、稳定、沉重的感觉；小块体能产生轻盈、飘浮的感觉，与大体块的体积相差悬殊时，则可视为点。规则的块体一般多为人工几何体（图 5-8）；不规则的体块包括自然自由体和人工自由体，如煤块、石头块、砖头。由块体材料按照一定的形式法则构建成的立体造型就是块立体构成或块材构成（图 5-9）。

图 5-8（左）
图 5-9（右）

5.2 空间造型设计的形式美法则

形式美法则即形式要素，是指导我们进行构成与设计的基本审美依据，是人们在长期的社会生活实践中总结与抽象出来的视觉审美经验。一切视觉艺术作品都要遵守并符合形式美法则，设计与创作过程也要以形式美法则为指导。

5.2.1 对称与平衡

平衡是一切视觉艺术的基本形式准则，对称是一种特殊的平衡形式。对称是指以形体或空间的垂直中心线为轴，左右两侧单位形体的大小、数量相同，并互为镜像的结构。对称式结构重心居中，处在自然平衡的状态。对称式结构的作品，其特点是整齐而统一，规律性强，但缺乏活力与动感。

平衡是指形体的左右两侧形体在力与量的双重作用下形成的均衡与稳定。艺术作品中的平衡主要指视觉上的均匀与稳定，它区别于物理平衡。物理平衡是指作用于一个物体上的各种力互相抵消而形成的稳定状态。视觉平衡是一种心理感受，是由单位元素的重心和运动方向所形成的张力中和后形成的视觉稳定感。因此，视觉平衡是由重力和方向决定的。

首先，重心的位置决定着平衡。重心位置由排列较为集中且数量占优势的单位元素群或体量较大元素所在的位置决定，一般重心要居于作品中心位置或前后左右 1/3 处以内的位置（图 5–10），这个范围是符合人们审美平衡心理的，如果偏离这一范围，作品重心就会严重倾斜，处于不稳定的状态，失去平衡感。以垂直的中线为界作品左右两侧形体的量相同或相近，重心就会处在接近中心的位置，作品便会产生平衡感。

其次，单位元素的排列方向、动势在视觉上所产生的张力会影响视觉平衡，这是视觉艺术的心理感受。一个线形的元素或多个元素排列成线形，它在空间中具有很强的指向性，形成向某个方向的张力，这种张力与重力相互作用改变了物理重心的位置，完成视觉平衡。由此可见，如果以垂直的中线为界作品左右两侧形体的量不同，通过力的作用同样会达到视觉平衡（图 5–11）。

图 5–10（左）
图 5–11（右）

5.2.2 对比与和谐

对比与和谐是艺术作品的重要法则。没有对比，作品会单调乏味；失去和谐，作品则矛盾突出，没有秩序。对比是指构成要素间相互对照、比较而产生差异，进而丰富作品视觉效果的审美手法。对比要素包括单位元素的大小、多少、疏密、直曲、方圆、色彩、动静等，也包括整体造型与局部造型之间的形与势。对比的目的是通过展示各自的不同面貌和特点形成视觉上的张力，使各自原有的个性更加鲜明，使整体造型富有生气和动感，活泼而不呆板，增强形体对人的感官的刺激，造成更强烈的视觉效果。

和谐的普遍意义是对立事物之间在一定的条件下、具体、动态、相对、辩证的统一关系。形态构成中的和谐同样如此，即保持各要素间差异的同时，以一种共性的规则维持相对的统一关系。构成中和谐的本质是协调、统一，是将不同形状、大小、方向、疏密的单位形态协调而有秩序地组织在一起，形成整体的、有机的、统一的形态。和谐强调的是不同事物中存在的共性因素，立体构成主要是通过形式的统一而达到和谐的，即将形态的外观与内部结构的组织方式统一。

对比与和谐是对立而统一的关系，设计中，要在不同中制造共同，在相同中寻找不同。形态构成一味强调对比，就不会从全局的角度去组织造型，失去作品的统一感，作品无疑是杂乱无章、支离破碎的。而过分地强调和谐，就会大大削弱对比因素，作品就会缺乏鲜明的个性特征，呆板而死气。

5.2.3 节奏与韵律

节奏原本是指音乐中交替出现的有规律性的强弱、长短现象。节奏运用到立体构成中，则指单位元素有规律的反复、交替的组合，使形体产生统一秩序与运动感。秩序就是有条理地、有组织地安排各构成部分，具有一致性、连续性和规律性。比如由大到小、由高到低、由多到少、由密到疏的渐变排列，可以是单调重复的排列，也可以是多变式规律排列，最重要的是不能失去规律性。

韵律是伴随节奏产生的具体的规律性变化，在音乐中是一种情感的表现，在构成中是一种美感表现，它与节奏同时出现，随着单位形体重复和反复交替，再施以一定的规律性的变化就产生了韵律之美。这些规律性的变化包括大小、高低、方向、起伏、交错等。

5.2.4 比例与尺度

比例是一种数量对比关系，一方面指整体作品长度、宽度、高度之间的比较关系，另一方面指局部体块长短、高低、大小与整体及其他部分之间的比较关系。和谐、恰当的比例可以获得视觉美感，增强作品的表现力。比例美与平衡美一样是人们审美心理的自然要求，构成中比例得当是保证作品设计成功的前提，作品整体长度、宽度、高度之间的比例是整体空间造型轮廓的比较关系，要为之建立和谐的比例，必须根据作品的具体框架、形式和内容而定，不能千篇一律。局部体块与整体的比例要考虑局部体块量的累积为整体视觉提供的丰富性，也就是说局部体块的大小、长短、高低直接影响着单位元素构建数量的多少，单位元素数量的多少直接影响着作品视觉效果。局部体块间的比例是单位形体的长、宽、高之比，应按照对比与和谐的辩证统一关系进行设计。在美学中，有种经典的比例模式为"黄金分割"比，在立体构成中，黄金分割比例被广泛运用，但千篇一律地运用一种比例关系会限制人的创造性思维，灵活而不拘一格的比例运用才能更好地开发出人的设计潜力。美学中的比例从来都不是绝对的、单调的，充满了相对性与可变性，不能以一种标准对待一切。我们在设计中应更多地考虑如何通过比例合理地处理形体的对比关系，给形体带来和谐与平衡的视觉美感。

尺度就是对大小的控制，往往要将作品的大小、长短、高低限定在一个指定的数据范围内。与比例相比，尺度是个宏观数据，也是个具体数据，尺度的大小把握决定于人们视觉习惯与事物的实用性质。比如一间房子的尺度空间要适合人的生活起居需要、一张床的大小要适合人体的比例、一支笔大小要适合手的大小，这就是人们对事物大小的特定标准。立体构成是脱离实用功能的抽象造型设计，它的尺度与造型构建形式、材料、设计意图、审美要求有直接关系，要满足人的视觉习惯与要求，让尺度与空间达到人们心理的上限到下限之间即为合理。

5.2.5 重复与渐变

重复与渐变不仅是立体空间造型设计的形式法则，更是获得节奏与韵律、视觉美感的条件。

重复是构成中最基本、最常用的一种组织方式，指相同或相近的单位元素有规律性的反复出现。相同单元的反复出现能产生较强的秩序感，使作品获得和谐统一、富有整体感的视觉效果。

渐变也是一种极具秩序感的表现形式，是指单位元素按照由大到小、由窄到宽、由密到疏、由少到多、由上到下等连续排列的方式，组成有秩序、有层次的视觉效果。渐变是一种规律性很强的排列方式，属于近似的重复，可以让作品充满韵律美。

5.3 线体构成设计与制作训练

线体构成又叫线材构成，是利用具有线体特征的材料构建成的立体空间造型。线体材料种类繁多、粗细不一，分为软线材、硬线材、粗线材、细线材。软线材即柔软的线体材料，棉线、棉绳、麻线、麻绳、软塑质线、软金属丝、呢绒绳都是软线材。硬质材是线形或条形的硬质材料，比如线性木材、硬塑料管、硬金属丝、细金属管等。粗线材与细线材具有相对性，主要视具体情况而定，但直径很小的线绳、线丝属于绝对的细线材。线材无论粗细长短，形体本身都比较单薄，必须通过多次重复排列、包围、积聚等手段才能创造出空间效果，形成具有美感的立体造型。

5.3.1 线材构成设计的方法与形式

1. 硬线材的构成形式

(1) 连续性构成

在几何学中，线是由点的密集排列组成的，线是点移动的轨迹。一个点向着一个单独的方向移动形成了直线，它在视觉上缺乏连续性与动感；如果一个点向着不同的方向移动，就形成了曲线，曲线在视觉上具有明显的连续性和动感。除了曲线之外，很多线条都具有视觉连续性，比如锯齿形的线条、齿轮的外轮廓线、U 形线、迷宫线条等。利用这种具有视觉连续性特征的线材构建成的空间造型就是线材的连续性构成（图 5-12）。连续性构成的单位元素可以是一个，也可以是多个组合，运动范围可大可小，运动空间在指定的尺度内不受平面、曲面、方向的限制。

(2) 垒积式构成

通过把材料按照一定的秩序层层叠叠堆积建造所形成的空间造型即垒积式构成。垒积式构成的变化空间很大，具有很强的重塑性，材料之间靠接触面间或接触点的连接维持形态的稳定（图 5-13）。

(3) 层渐式结构

将线材沿着一定方向有层次、有顺序的渐变排列，形成的空间立体造型为层渐结构构成（图 5-14）。层渐式结构具有明显的层次感与秩序感，能够形成不同节奏和韵律。

(4) 框架式结构

框架式结构是利用相同的单位线形框架进行重复构建，形成硬线框架式结构的空间造型。构件造型前要先利用硬线材料制作若干相同的单位线形框架，线形框架的形态可以是平面的几何形，也可以是立体造型，如方体、柱体、锥体、曲面体、圆体等。这种框架结构可以进行重复、渐变、垒积、自由的组合（图 5-15）。

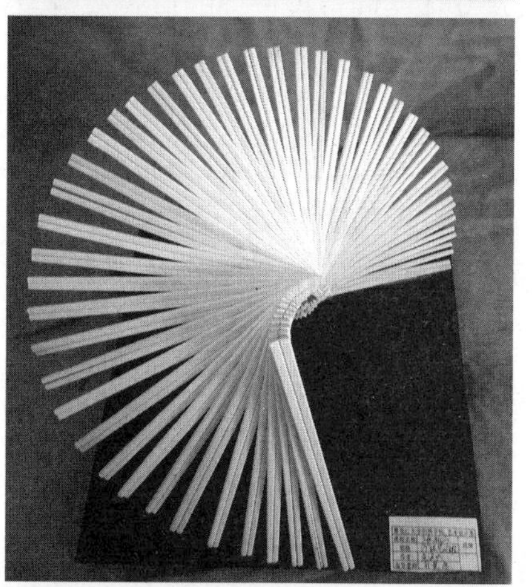

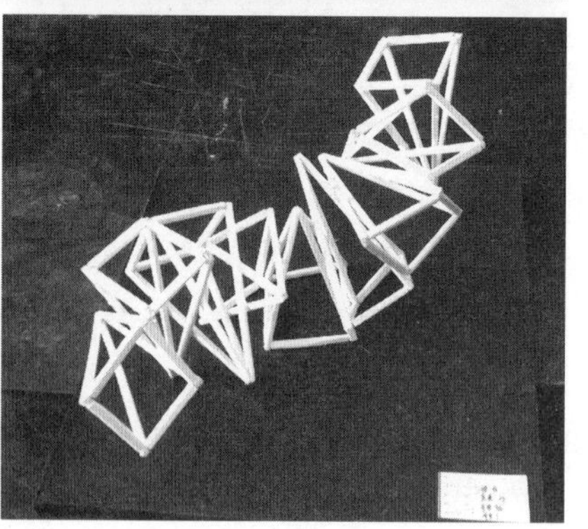

从上至下
图 5-12
图 5-13
图 5-14
图 5-15

图 5–16

2. 软线材的构成形式

软线材构成是以软线材为主要造型元素构建的空间造型。软线材构成的主要视觉效果是由软线材的排列方式决定的，但软线材造型的形成必须借助硬线材的框架支撑。硬线材框架主要起到连接、牵引和固定软线材的作用，它的造型往往决定了整体造型空间走向和软线条的包围方式。软线材与硬线材相接触的地方就是软线材的连接点或固定点。由于线的密集排列可以产生面化，所以软线条排列要注意间距的大小，无论是等距排列、渐变排列、发射排列，还是自由排列，最终都以面化而终结。软线材排列可以形成多种面化，有平面化、曲面化、螺旋面化、平曲交错化，也可以体块化。软线材与硬线材之间可以垂直拉伸、水平拉伸、斜向拉伸，也可以网状交错拉伸。只要深入研究，软线材的构成形式可以多种多样、变化万千（图 5–16）。

5.3.2 线材构成设计与制作步骤

1. 构思

根据软、硬线体元素的基本特征、组织形式及构成法则，确定构成形式并选择线体材料。

2. 勾稿

根据已经确定下来的构成形式，想象大致的空间造型框架，在纸上勾勒几个构成方案草图。

3. 修改

将最为满意的一个方案进一步推敲、修改并完善，最终确定设计正稿。

4. 绘画表现

在素描纸上以结构素描的形式表现该空间造型的立体形象。

5. 制作

准备材料及工具进行线体元素空间造型制作。

5.3.3 任务 19 线材构成设计与制作

目的：(1) 能够利用线体元素设计空间造型的能力；

(2) 能够以素描形式表现空间造型的能力；

(3) 掌握线立体元素构成的形式及法则。

时间：180 分钟（课上）。

工具：素描工具与构成制作工具。

内容：(1) 软线体空间造型设计与制作；

(2) 硬线体空间造型设计与制作。

规格与要求：(1) 底座大小为 30cm × 30cm，可选用卡纸制作，也可以选用 KT 板切割；若构成框架质量大或不容易稳定可以选用硬质材料做底座；

(2) 构成形式自定。

5.4 面体构成设计与制作训练

面体构成又叫面材构成，是以长、宽两度空间的面体材料构建的立体造型。面材本身不占据空间或占据的空间很微小，但是经过加工后，在二维空间的基础上可以增加一个深度空间，便具有了立体的特征；多个的平面造型元素在空间中按照一定的秩序经过重复、交替的排列也会产生空间感。因此，面材构成的单位元素可以是平面造型，也可以是加工后的不封闭的立体造型（图 5–17）。

面材构成的单位元素多用白色卡纸或彩色卡纸经过剪切、折屈、粘贴等

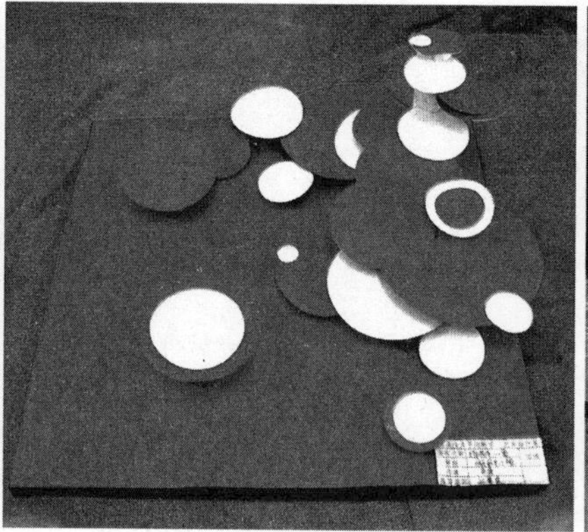
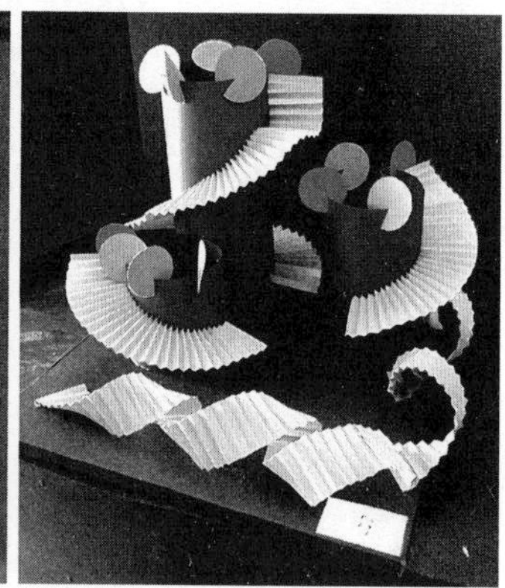

图 5–17

图 5-18（左）
图 5-19（右）

手段加工而成，制作方法多种多样，纸质材易于加工，可根据需要利用相关工具（剪刀、直尺、圆规、胶水、小刀等）进行加工制作。纸质面材可选各种卡纸、素描纸、制图纸、吹塑纸等，硬质材料可选用 KT 板、有机玻璃板、塑料面板、铝合金面等。

5.4.1 面材构成设计的方法与形式

1. 柱式结构

柱式结构又称筒式结构，是将平面的卡纸板进行折屈或弯曲加工后围成筒形，并固定好接面，再将柱面、柱棱等位置进行剪切、折曲或压曲形成的空间造型（图 5-18）。

2. 单体集聚式结构

单体集聚式构成是用多个面体单体造型元素按照一定的设计意图组合在一起，形成元素间彼此连接的、整体的、独立的造型。这种结构具有较强的稳定性和空间感（图 5-19）。

3. 自由式结构

自由式结构是用一个或多个单体造型元素，按照形式美法则与设计意图进行构建，形成有节奏、有秩序的空间造型。这种结构可以是单体的，也可以是分体的，分体与整体之间具有较强的联系性与统一性（图 5-20）。

图 5-20

5.4.2 面材构成设计与制作步骤

1. 构思

根据面体元素的基本特征、组织形式及构成法则，确定面体材料、单位元素形态和构成形式。

2. 勾稿

根据已经确定下来的构成形式，想象大致的空间造型框架，在纸上勾勒几个构成方案草图（图5—21）。

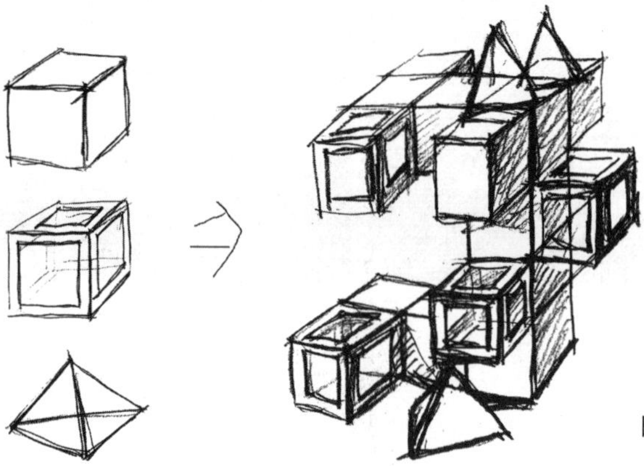

图5—21

3. 修改

将最为满意的一个方案进一步推敲、修改并完善，最终确定设计正稿。

4. 绘画表现

在素描纸上以结构素描的形式表现该空间造型的立体形象（图5—22）。

5. 制作

准备材料及工具进行面体元素空间造型制作（图5—23）。

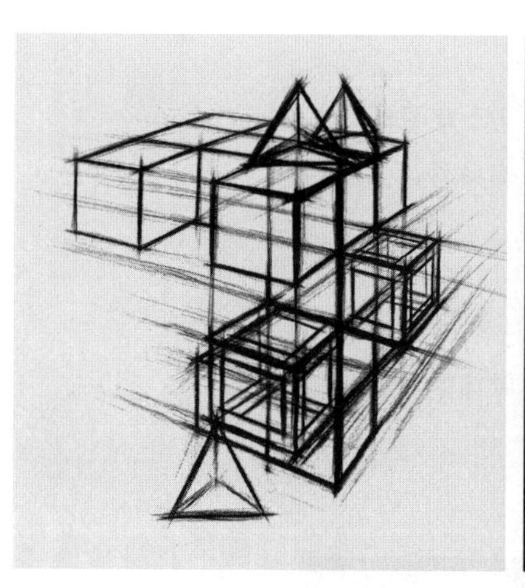

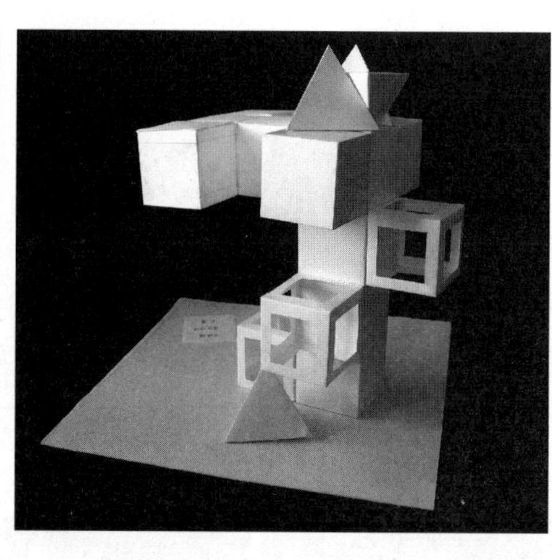

图5—22（左）
图5—23（右）

5.4.3 任务20 面体元素空间造型设计与制作

目的：（1）能够利用面体元素设计空间造型的能力；

（2）能够以素描形式表现空间造型的能力；

（3）掌握面立体元素构成形式及法则。

时间：180分钟（课上）。

工具：素描工具与构成制作工具。

内容：（1）单体集聚式面材构成设计与制作；

（2）自由式面材构成设计与制作。

规格与要求：（1）底座大小为 30cm × 30cm，可以用卡纸制作，也可以选用 KT 板切割；

（3）单位元素以纸质面材进行加工，元素形态要统一。

5.5 块体构成设计与制作训练

将块体材料按照形式美法则构建成新的立体形态就是块体构成。块是具有长度、宽度和高度（厚度、深度）的三维空间实体，是由连续的面围合封闭形成的，可表现出厚重、坚实、稳定的视觉效果。常用的块材可分为实块体和虚块体。实块体内部为实心，没有空间，充满了材料本身的物质成分，真实感、重量感十足，如铁块、木块等。虚块体是内部空心的块体，所以又被称为"壳体"，外部由面材封闭围和而成，如乒乓球、纸盒、纸质几何形体。无论是实块体还是虚块体，都具有共同的块体特征，即空间占有量充实、饱满，有重量感。

5.5.1 块材构成设计的方法与形式

块材立体构成的主要形式是分割和积聚。分割和积聚是两个截然相反的概念，前者是要把形体分裂、削减，属于减法创造，后者则是要把形体增加、聚集，属于加法创造。无论是加法还是减法，最重要的是如何完成一个完整、和谐、有机的立体形态。在块体设计中，分割和积聚也并非完全独立，两者经常相互结合使用。

1. 块的分割

块的分割是将一个形态（母体）经过一定形式的的分割、削减或重组后而创造出的新的立体形态（图 5–24）。分割的重点在于分割的形式与分割的量之间的关系、分割出的单位形体与主形体之间的关系，被分割后的形体体积会减少，而造型上产生的丰富变化会弥补这一缺陷，视觉上的量感不一定都是减少，或许会有增加的感受。对母体做不同角度直线或曲线的分割，分割后产生的各种形态不一的平面和曲面，给形体带来了更多的变化，为寻求更多可变的造型创造了机会。一般形体的分割主要包括直线分割、曲线分割、综合分割、分割位移等形式。

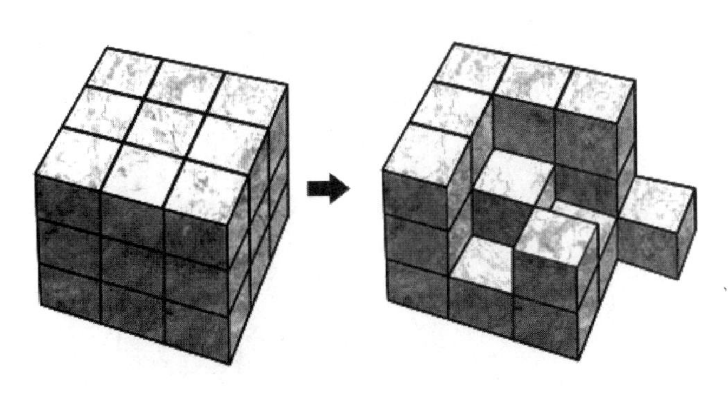

图 5–24

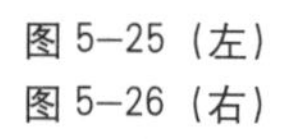

图 5–25（左）
图 5–26（右）

（1）直线分割

直线分割可以对形体延水平或垂直方向进行分割，可以延水平和垂直方向同时分割，也可以延其他角度斜线分割。分割的比例可以等比，也可以采取任意比例，只要分割口为直线即可。

水平与垂直相结合的分割方式，分割口为直角（图 5–25）。这种方法创造出的造型具有简洁、刚直的视觉效果，直线与直角使得形式高度统一。但如果运用不得当，也容易产生单调、平庸之感，基于这些特点，在设计时要充分利用直线与直角为形体创造更多的变化。

水平与垂直之间任意角度的斜线分割，分割口是锐角或钝角（图 5–26）。这种分割方式可选择的角度很多，形体拥有了更多的变化空间，为形体组合的动态美创造了更多可能。在进行组合时，为了避免形体切割角度过多带来的杂乱现象，就必须在保证形体之间对比关系的同时，强调形体的统一与整体关系。

（2）曲线分割

曲线分割是指对形体以曲线形进行分割。母体外形若是曲线形，那么曲线分割后的形体从外形到分割口均为曲线，形式天然统一，形体也会充满柔美的韵味。母体外形是直线形，曲线分割后，形体会产生刚与柔的曲直对比（图 5–27）。曲直对比中的线条不宜太多，要控制曲线分割的量，分割的量太多，会出现繁杂、冲突的感受，因为曲线本身就充满了变化，分割后会为形体带来更多的变化，少量的曲线就可以让形体变得丰富。

（3）综合分割

综合分割就是把直线切割与曲线切割结合起来对一个形体进行分割。这种分割方法相对更为自由，为形态的变化组合带来更大的发挥空间，同时也给切割的失败带来了更多的可能，在没追求形体丰富变化的同时，往往会忽略对整体形态统一性的把握，因为单位形体变化越多，越容易造成零乱，使形体变得

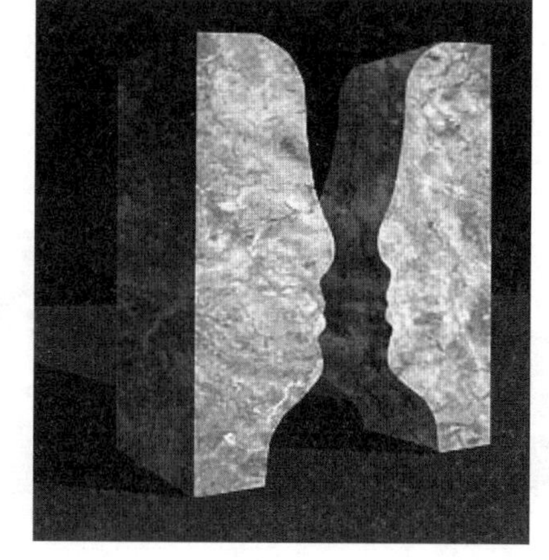

图 5–27

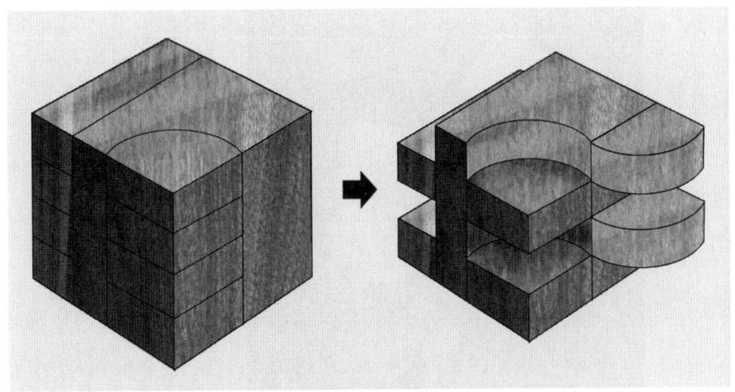

图 5-28（左）
图 5-29（右）

繁杂，因此在设计过程中必须认真体会对比与和谐的法则，多考虑分割的形式与分割的量之间的关系、分割出的单位形体与主形体之间的关系（图 5-28）。

（4）分割位移

分割位移是将切割后的单位体块位置移动或重新组合而获得新的形态的造型方法（图 5-28）。利用不同的分割方法可以得到丰富的单位体块，这就给位移和重组提供了充分的物质条件。位移范围可大可小，但不能脱离整体独立存在；可以有规律性地移动或重组，用也可以自由地重组，但必须保持分割形式与分割内容的关系。

除以上介绍的几种分割方法之外，立体构成学术界还有更多的分割概念与理论的存在，或名称不同，或研究切入点不同，但大多殊途同归。我们在进行研究与实践时要在基本理论的指导下灵活地运用各种方法，学会举一反三，重在实践，要扩展与激发思维，大胆尝试，开发出我们潜在的创造力。

2. 块的积聚

积聚又叫加法创造，是将两个以上数量的单位形体进行接触组合，获得一个新的空间形态的构成方法。积聚是将单位形体积累、聚集成整体，是数量的增加过程。因此在保证量充分的前提下，形体结构要尽量保持聚集、紧凑，这就类似于面体构成中的单体集聚式结构，但又区别于面的单体集聚式构成，两者因为单位形态的不同，在组织形式上会存在差异，而且所表现的空间质感也是不同的。块的积聚以单位体块形态可分成相同单位形态的组合和不同单位形态的组合方式，即重复积聚和对比积聚。

（1）重复积聚

相同形态重复排列组合是平面图形构成基本结构之一，也是立体空间构成的重要形式，块体重复积聚就是以若干相同或相似的形体为单位元素进行垒积与聚集的构成形式（图 5-29），它的基本特征是单位形态的“重复”。重复可以构建在多种排列形式上，如重叠、错叠、线型、放射、渐变、对称排列等，组织构成时还需考虑空间方向、位置关系及连接方式等。

重复积聚分为规律性与自由性两种组合方式（图 5-30）。规律性结构重在有明显的规律可抓，而构成的规律主要体现在组织结构上，结构要体现出稳定的秩序，通常以渐变、对称排列的形式较多，比如由大到小的渐变、由高到低的渐变。自由式的结构在排列各个形体的位置时则可以打破规律性的束缚，灵活地进行构建，但必须以形式法则为依据组织构建，体块间要形成相互联系的、有机的、富有美感的整体。

（2）对比积聚

对比积聚是以不同形态、大小的元素进行积聚的方式。这种形式多为自由的结构，对比元素的多样化为积聚创造了更为广阔的空间，对比要素主要有形状、大小、多少、疏密、轻重、粗细、动静、方向、色彩、肌理等。对比就是要调动一切对比因素为形体创造丰富的视觉效果，但同时必须要把握好形体的统一性和协调性，形状对比不能太多，要有主次，避免出现花、乱、琐碎的现象（图 5–31）。构成时主要以均衡为主要原则，均衡不仅是总量的平衡，也是包含各种对比元素的视觉平衡，其中对比形的数量差异尤为重要，在自由状态下各种对比形的数量平均化很难达到均衡的目的，所以要以一种优势数量的形体为主导才有可能达到均衡。

(*a*)

(*b*)

图 5–30
(*a*) 自由组合；
(*b*) 规律性组合

图 5–31

5.5.2 块体构成设计与制作步骤

1. 构思

根据块体元素的基本特征、组织形式及构成法则，确定构成形式、单位元素形态。

2. 勾稿

根据已经确定下来的元素形态，想象大致的空间造型框架，在纸上勾勒几个构成方案草图（图 5–32）。

3. 修改

将最为满意的一个方案进一步推敲、修改并完善，最终确定设计正稿。

图 5-32

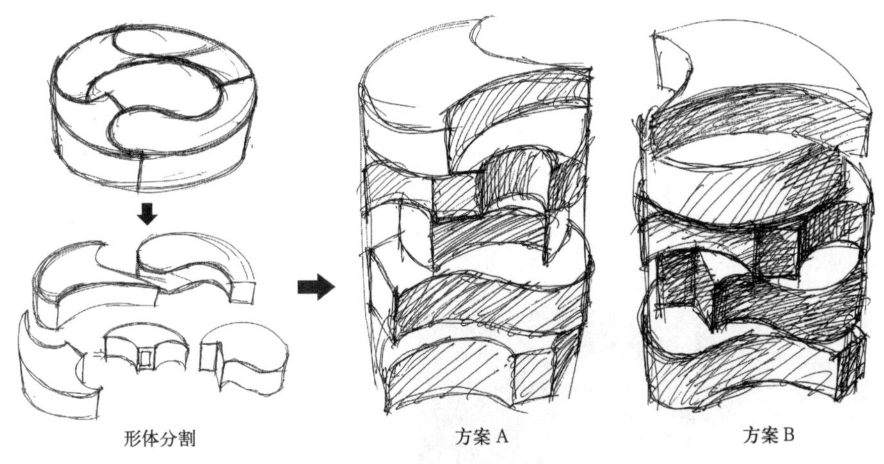

图 5-33（左）
图 5-34（右）

4. 绘画表现

在素描纸上以结构素描的形式表现该空间造型的立体形象（图 5-33）。

5. 制作

准备材料及工具进行块体空间造型制作（图 5-34）。

5.5.3 任务 21 块立体构成设计与制作

目的：(1) 能够利用常见的建筑元素设计空间造型与平立造型相互转化的能力；

(2) 能够以素描形式表现空间造型的能力；

(3) 理解立体元素块体的含义，掌握构成形式及法则。

时间：180 分钟（课上）。

工具：素描工具与构成制作工具。

内容：(1) 正六面体的分割构成；

(2) 球体的直线分割构成；

（3）块的重复性积聚构成；

（4）块的自由积聚构成。

规格与要求：（1）底座大小为 30cm × 30cm，可以用卡纸制作，也可以选用 KT 板切割；

（2）单位元素可以纸质材料进行加工，也可以选用自然材料加工。

立体空间造型设计作品赏析

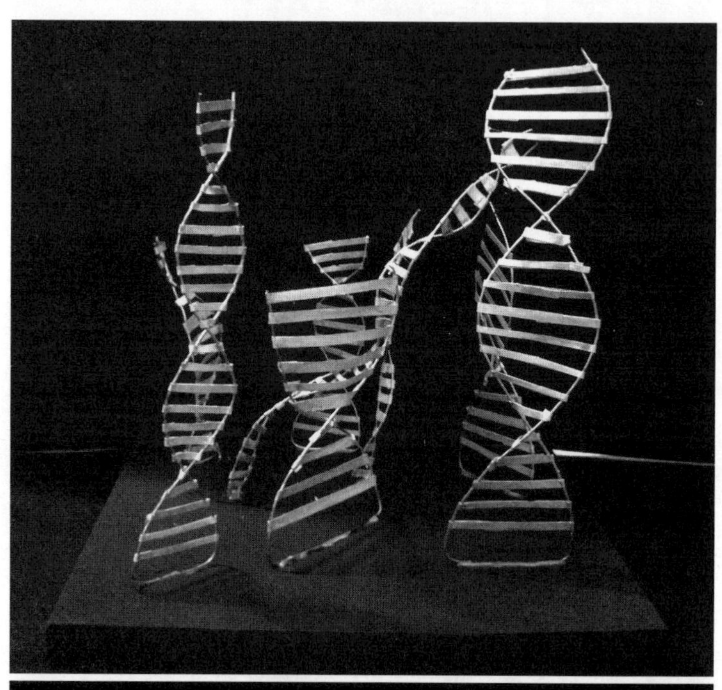

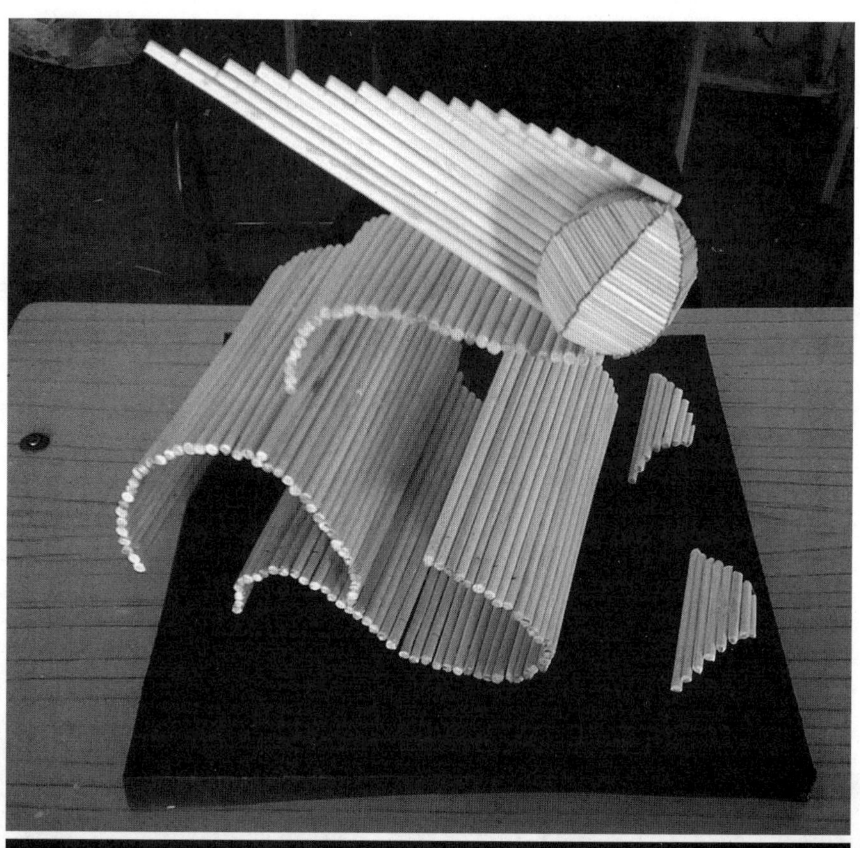

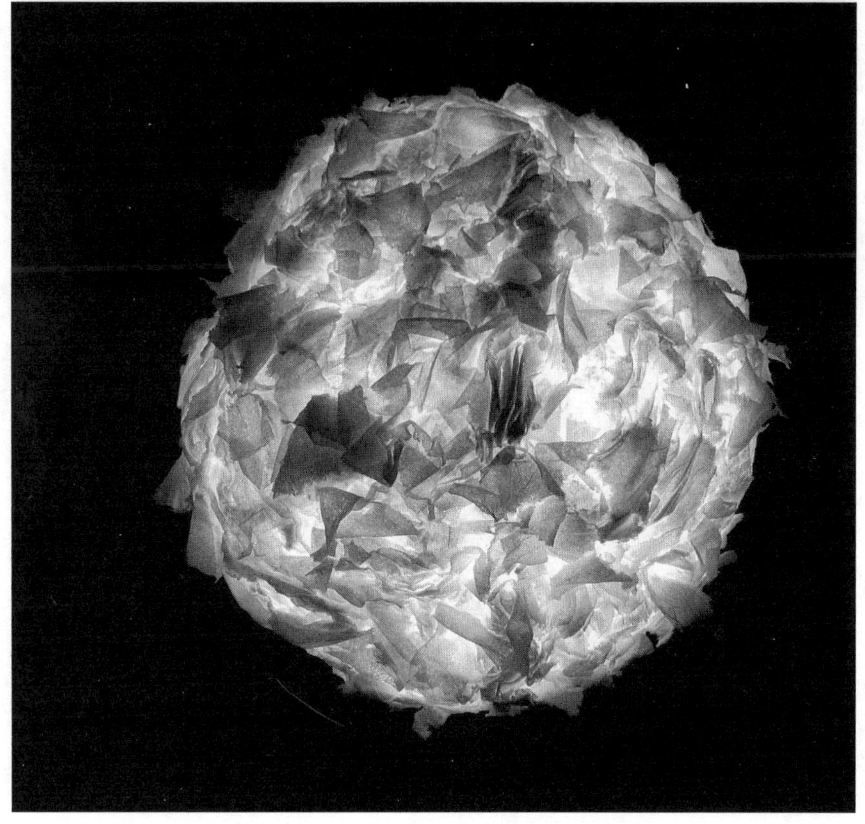

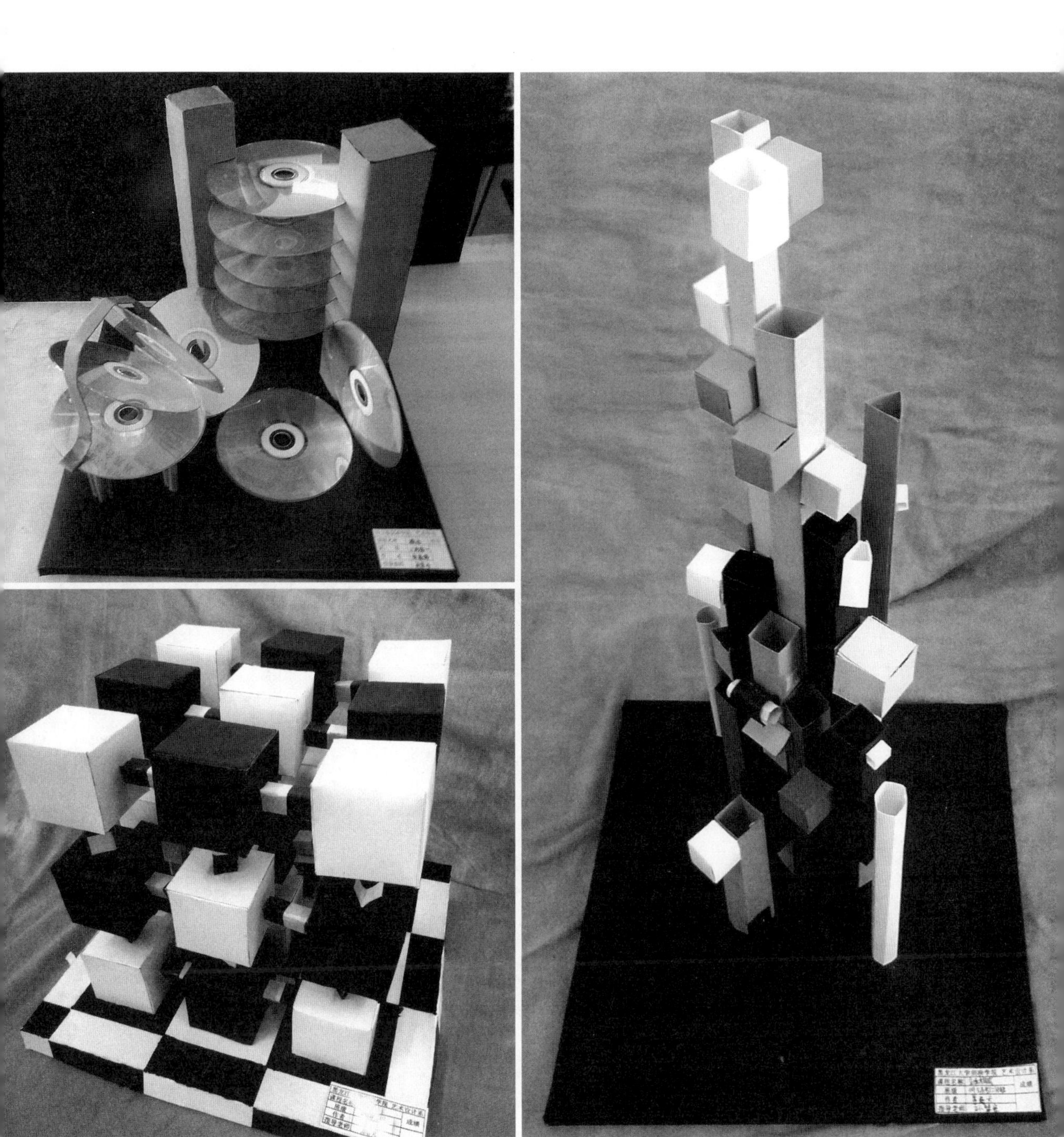

第二部分

色彩

色彩造型能力概述

建筑设计专业学习色彩的意义

与素描同样，色彩也是造型艺术的基础之一，掌握色彩知识与造型能力，将对建筑设计专业造型表现起到更深层次的作用。色彩是世间万物共有的特征，色彩是绘画完整地表现客观事物的造型因素，它能够还原物象真实感、增强作品视觉效果与表现力。我们学习色彩绘画可以掌握色彩造型规律、培养设计意识和创造能力，通过以绘画为主的各种形式的色彩表现训练掌握色彩原理与应用技巧，掌握绘画色彩与设计色彩的语言形式与内在联系。色彩训练是由绘画走向设计的重要过程，也是增强造型能力的重要途径。

色彩造型训练的总体目标

通过与专业相关的系列任务的训练，使学生掌握色彩的原理、规律及表现方法，最终达到能够绘制相关专业造型的能力和色彩设计能力，为专业设计表达奠定坚实基础。

专业能力目标

通过训练达到能够独立运用色彩表现静物造型与建筑景观造型的能力，具备色彩分解与重组的能力、造型默写能力与色彩设计能力，最终能够将色彩造型能力转化为专业造型能力。

知识目标

理解色彩的基本概念、色彩三要素、色性、物体的基本色彩及色彩关系；掌握色彩分解与重组的方法；掌握水彩静物与水彩风景画表现方法；掌握色彩设计方法。

社会和方法能力目标

通过色彩造型基础综合训练，使学生掌握造型能力的同时，培养学生细致刻画、精益求精的耐力与意志，提高审美能力，挖掘学生的观察力、创造力与设计才能。

教学单元 6　色彩基础知识

色彩基础知识在色彩课程教学中是非常重要的，其中关于色彩的理论与实践方法可以使学生的色彩造型能力得以迅速提高。而传统的色彩教学是利用连贯的 4 学时或不到 4 学时的时间将色彩基础知识集中讲授完成，然后马上进入写生训练，试图让学生通过写生来逐渐理解色彩基础知识并提高造型能力。实践证明，这种授课方式漏洞很大，因为在这 4 学时中，学生没有完全理解与消化知识的时间与空间，对于很多知识并没有真正地领悟。理论对实践具有指导作用，只有理解了理论知识才会使学生的造型能力提升更快。因此本书将色彩理论知识授课部分进行了分解，以 4 学时为一个单元，每个单元分成两学时的讲课和两学时的实践，共计三个单元 12 学时。同时在相应的色彩知识中介绍了具体的实施方法以帮助学生理解。

教学目标与计划

<table>
<tr><th rowspan="2">学时</th><th colspan="5">教学目标和主要内容</th></tr>
<tr><th>任务名称</th><th>能力目标</th><th>知识目标</th><th>主要内容及说明</th><th>课下作业</th></tr>
<tr><td rowspan="2">4</td><td>任务1　色度表现</td><td>1.能够调出间色及复色；
2.能够表现色彩的不同明度等级和纯度等级；
3.能够改变色彩的冷暖</td><td>1.理解色彩的基本概念；
2.掌握色彩明度、纯度等级的表现方法及冷暖的转变方法</td><td>1.教师进行色彩基础知识1.1.1～1.1.4的讲解；
2.学生进行色度实践，内容详见1.1.5；
3.教师对学生实践进行指导</td><td>1.明度序列表现；
2.纯度序列表现；
3.冷暖序列表现</td></tr>
<tr><td>任务2　物体基本颜色分解</td><td>能够独立分解物体的基本色彩</td><td>掌握物体基本颜色的冷暖变化规律与物体基本颜色的分解方法</td><td>1.讲解1.2.1绘画中物体的基本色彩知识与方法；
2.学生进行物体基本色彩分解实践，内容详见1.2.2任务2；
3.教师对学生实践进行指导</td><td>物体基本色彩分解实践</td></tr>
<tr><td rowspan="2">4</td><td>任务3　色彩冷暖分解</td><td>能够独立把画面中指定物体亮部、暗部色彩分解出来</td><td>1.理解素描关系与冷暖关系的含义；
2.掌握色彩冷暖分解的方法</td><td>1.讲解1.3色彩关系的知识与方法；
2.学生进行色彩冷暖分解实践，内容详见1.3.2任务3；
3.教师对学生实践进行指导</td><td>色彩冷暖分解表现</td></tr>
<tr><td>任务4　色相协调与对比平面表现</td><td>能够准确独立地进行色相协调与对比的平面表现</td><td>掌握色相协调与对比的方法</td><td>1.讲解1.4.1色相协调与对比的知识与方法；
2.学生进行色相协调与对比平面表现实践，内容详见1.4.1任务4；
3.教师对学生实践进行指导</td><td>色相协调与对比平面表现</td></tr>
<tr><td rowspan="3">4</td><td>任务5　明度协调与对比平面表现</td><td>能够准确独立地进行明度协调与对比的平面表现</td><td>掌握明度协调与对比的方法</td><td>1.讲解1.4.2明度协调与对比的知识与方法；
2.学生进行明度协调与对比平面表现实践，内容详见1.4.2任务5；
3.教师对学生实践进行指导</td><td>明度协调与对比平面表现</td></tr>
<tr><td>任务6　纯度协调与对比平面表现</td><td>能够准确独立地进行纯度协调与对比的平面表现</td><td>掌握纯度协调与对比的方法</td><td>1.讲解1.4.3纯度协调与对比的知识与方法；
2.学生进行纯度协调与对比平面表现实践，内容详见1.4.3任务6；
3.教师对学生实践进行指导；</td><td>纯度协调与对比平面表现</td></tr>
<tr><td>任务7　冷暖协调与对比平面表现</td><td>能够准确独立地进行冷暖协调与对比的平面表现</td><td>掌握冷暖协调与对比的方法</td><td>1.讲解1.4.4冷暖协调与对比的知识与方法；
2.学生进行冷暖协调与对比平面表现实践，内容详见1.4.4任务7；
3.教师对学生实践进行指导</td><td>冷暖协调与对比平面表现</td></tr>
</table>

6.1 色彩概述

6.1.1 色彩的产生

1. 光与色

我们生活在姹紫嫣红、色彩缤纷的世界里，能够拥有并利用色彩来装点空间、创造视觉形象、享受环境之美，这一切都要感谢光。光是神奇的，没有光就没有色彩。光照射到物体上，物体的色彩信息进入视网膜，传达到大脑的中枢系统，使我们感知到色彩的样貌。因此说，色彩就是人对光的视觉效应。

17 世纪英国物理学家牛顿通过实验发现，太阳光通过三棱镜，可以分解成七种色光，即红、橙、黄、绿、蓝、靛、紫（图 6–1），这七种色光通过等量混合时又会形成白色光（无色光）。由此得知，色光混合次数与混合量不同，所形成新色光的亮度、色相等也不同，色光混合次数越多，亮度就越高，混合后产生的色光亮度高于混合前的亮度，这就是加色混合的基本原理。彩色电视屏幕、电脑显示器等就是利用的这种加色混合原理来产生各种色彩的。

绘画所用的色彩颜料混合是色料的混合，不同于光色混合，属于减色混合。减色混合与加色混合相反，色料混合的次数越多，颜色就越容易灰暗，对光的吸收越强，反射出来的光越弱。在绘画和设计中，我们运用色料的混合而产生丰富多彩的颜色，能更多地体现绘画和设计的意图、气氛。

2. 物体色

各种颜色的物体本身不会发光，但都具有选择性地吸收、反射光的特性。物体的颜色是通过对光的吸收与反射产生的，不同波长的光投射到物体上，有一部分被物体表面吸收，一部分被反射出来刺激到人眼睛，经过视神经传递到大脑，形成对物体的色彩信息的识别，即眼睛看到的物体颜色。如红色物体吸收除红色以外波长的光，而反射红色波长的光，所以我们看到物体表面为红色。物体对光的吸收率越高，物体颜色明度越低，反之则明度越高。黑色和白色对光的吸收和反射达到了极致，黑色对光的吸收率最高，白色的反射率最高。

物体对色光的吸收与反射会随着光源色及光照强度的变化而改变，有时甚至失去其原有的色相感觉。在彩色灯光照射下的物体颜色几乎会失去原有色彩样貌，而发生奇异的变化。

6.1.2 色彩的基本概念

1. 原色

所谓原色，又称为第一次色，即用以调配其他色彩的基本色。原色的成分是最单纯的、也是最鲜艳的，原色之间可以调配出绝大多数色彩，而其他颜色不能调配出原色。绘画中的颜料三原

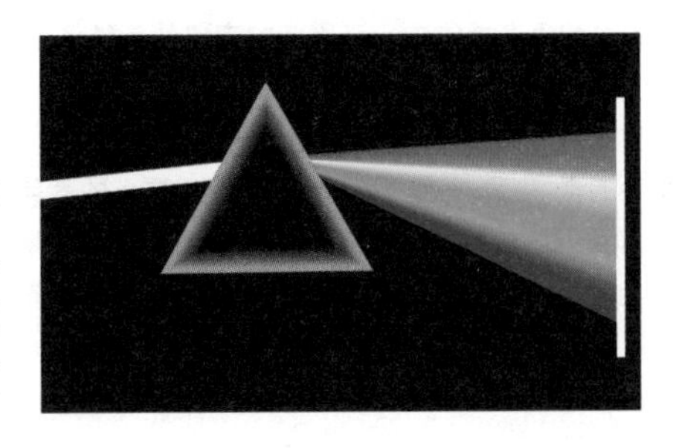

图 6–1

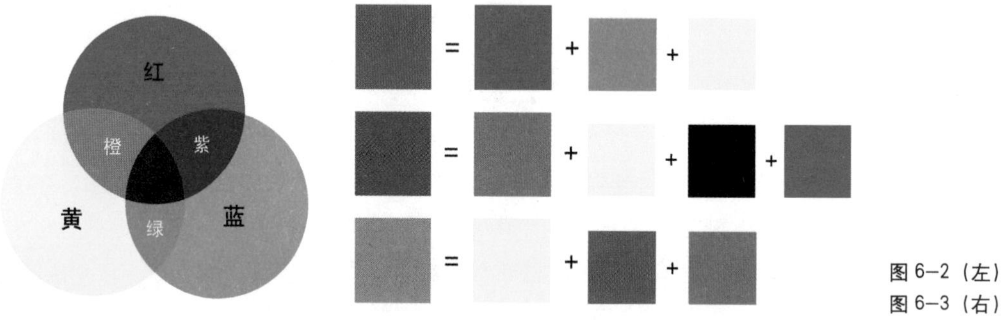

图 6–2（左）
图 6–3（右）

色[①] 为红色、黄色和蓝色（图 6–2）。

2. 间色

间色又称“第二次色”，是由两种原色相互混合形成的颜色。把三原色中的红色与黄色等量调配就可以得出橙色，把红色与蓝色等量调配可以得出紫色，而黄色与蓝色等量调配则可以得出绿色（图 6–2）。

3. 复色

由三种以上颜色混合而成的颜色叫作复色，又称“第三次色”。复色包括了除原色和间色以外的所有颜色。复色可能是三个原色按照各自不同的比例组合而成，也可能由原色和间色组合而成，只要含有三种以上颜色成分的颜色就是复色（图 6–3）。

4. 补色

补色又称互补色，在色相环中形成 180° 角的每一对颜色都为互补色，两种互补色等量混合后呈黑灰色。由色相环可以看到红色与绿色为互补色，黄色与紫色为互补色，蓝色与橙色为互补色。互补色必然是一对颜色，两者对比最为强烈，是色彩对比的极致（图 6–4）。

6.1.3 色彩三要素

我们画一幅色彩画首先要观察对象是什么颜色、颜色的明暗程度、颜色的鲜浊程度，这三个方面即色相、明度、纯度，总称为色彩三要素。

1. 色相

色相是指色彩的样貌。色相与“人相”是同一个道理，每个人都有各自

---

① 在现代的美术实践和生产操作中，三原色的定位与传统说法有明显区别。彩色印刷的油墨调配、彩色照片的原理及生产、彩色打印机设计以及实际应用，都是以黄、品红、青为三原色。美术实践证明，品红加少量黄可以调出大红，而大红却无法调出品红；青加少量品红可以得到蓝，而蓝加白得到的却是不鲜艳的青；用黄、品红、青三色能调配出更多的颜色，而且纯正并鲜艳。例如：用青加黄调出的绿，比蓝加黄调出的绿更加纯正与鲜艳；用品红加青调出的紫是很纯正的，而大红加蓝只能得到灰紫等。此外，从调配其他颜色的情况来看，都是以黄、品红、青为其原色，色彩更为丰富、色光更为纯正而鲜艳。

引自 http：//zhidao.baidu.com/question/8474449.html

不同的样貌，这是区分人与人不同的基本依据，色彩也同样具有这样的特点，色相是区分千变万化的色彩的基本依据，也是不同色彩之间相互比较的基本依据。在学习色彩的初期应该提高识别各种不同色相的能力，一幅色彩画面都是由若干色相组成的，同时存在着色相之间的对比关系，因此识别色相是认识和比较色彩的基本条件。

色彩的样貌以红、橙、黄、绿、青、蓝、紫的光谱为基本色相，并形成一种秩序。这种秩序是以色相环的形式体现的（图 6–4）。根据不同色相之间的对比强弱可以分为同类色相、邻近色相、对比色相和互补色相。

同类色相指色彩倾向一致，冷暖、明度、纯度各不相同的色相。比如，蓝色有普蓝、湖蓝、群青蓝、天蓝等，它们的色彩倾向都是一致的，对比不强烈，所以容易协调在一起（图 6–5）。

邻近色相是指在色相环上，非同类色但距离彼此相邻或相近的色相，即在色相环中距离在 30° ～ 60° 区间的色相为邻近色相。如红与橙、橙与橙黄、黄与黄绿、绿与蓝绿、蓝与紫蓝、紫与紫红等（图 6–4）。

对比色相是指色相冷暖反差较大的颜色，在色相环上距离相隔 120° 角以上，如黄色与蓝色、绿色与紫色、橙色与绿色（图 6–4）。

2. 明度

明度是指色彩的明暗程度。不同的色彩明暗程度不同，比如黄色与红色相比，黄色明度高，红色的明度低，而红色与褐色相比则红色明度高，褐色明度低。区分不同色彩的明度对于画好色彩画是非常重要的，每一幅画面都存在着明度对比关系。一幅画面由不同明度的色彩组成，一方面，明度客观地反映出被描绘物体颜色的明暗程度，准确表现物体的明度是色彩写生的基本要求；另一方面，明度对比关系能使画面更加和谐与丰富。素描中所强调的“整体关系”主要是指物体间的明度对比关系。同一色相在明度上的变化让该颜色产生了明度色阶，这些色阶相当于素描中不同层次的“调子”，能够表现出物体的空间关系。

将一种颜色明度提高或降低一般是在不改变该颜色色彩倾向的情况下，将该颜色中不断调入明度极高或极低的颜色，比如白色和黑色（图 6–6）。

3. 纯度

纯度是指色彩的鲜浊程度。比较鲜艳的颜色纯度高；而比较混浊、不鲜

图 6–4（左）
图 6–5（右）

图 6–6（左）
图 6–7（右）

图 6–8

艳的颜色纯度低。在常用色彩中，原色与间色的纯度高，复色纯度相对较低。由此可见，一个颜色经过混合的次数越多其纯度就越低。纯度较低的色彩在绘画中叫作“灰色”，这种灰色不是日常生活中的“无彩灰（不含有色素的灰）”，而是带有一定色彩倾向的灰。图 6–7 中 *a*、*b*、*c*、*d* 分别为紫灰、绿灰、黄灰、蓝灰。一幅画面是由不同纯度的色彩组合成的，色彩纯度主要取决于被描绘对象色彩的纯度，因此纯度的表现成为准确表现物体纯灰对比、协调画面关系的一个重要因素。

将一种高纯度颜色的纯度降低一般是将该颜色中不断调入一种纯度很低的色彩，比如褐色、黑色、白色、灰色或补色（图 6–8）。

6.1.4 色性

色性即色彩的冷暖属性。当我们看到红色、橙色时往往会联想到温暖的太阳、火与热等事物，给人以温暖的感觉；当我们看到蓝色、白色时就会联想到冬天、冰雪等事物，给人以寒冷的感觉。色彩本身并不存在温度的变化，但它却能给人以温暖或寒冷的感觉，所以色彩通过视觉感官作用于心理能让人产生冷、暖感觉的特性就是色彩的冷暖属性。

从色性上大体可将颜色分为冷色、暖色和中性色，暖色包括红色、橙色、黄色；冷色包括青色、蓝色；中性色包括紫色和绿色（图 6–9），中性色的冷暖介于冷色与暖色之间。同一色系里的每个颜色之间也存在冷暖差异，比如黄色系中的柠檬黄和

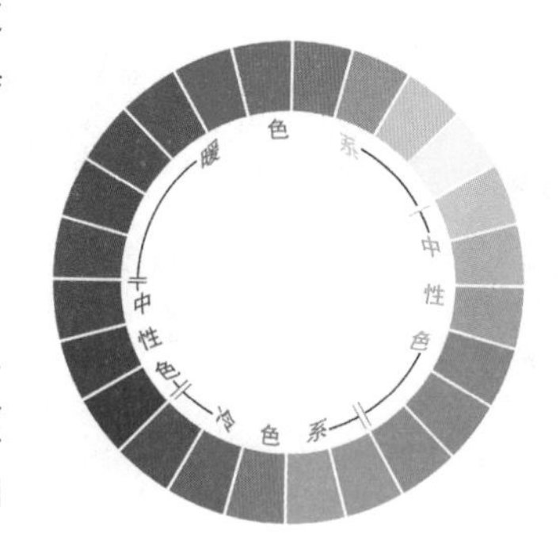

图 6–9

中黄相比，柠檬黄是冷的，中黄是暖的，而中黄与桔黄相比则中黄是冷的，桔黄是暖的，所以色彩的冷暖总是在相互比较中相区分的，不能绝对地说某一种颜色是冷还是暖。色彩的冷暖是客观存在于被刻画对象上的，在绘画中色彩的冷暖属性时刻作用于画面，冷暖变化在画面中无处不在，它能让画面色彩丰富、和谐并充满活力，深刻认识色彩冷暖的含义将对画好色彩画起到至关重要的作用。

一种颜色与另外一种颜色经过一定程度的混合后，其冷暖会发生变化，但是在颜色冷暖改变的过程中不能让这个颜色的原有倾向发生改变，这是色彩冷暖转变中应该把握的第一原则。比如我们在把黄色调冷时，会在黄色中混合入一定的蓝色或绿色，蓝色或绿色一旦调入过量，混合后的颜色就失去了黄色原有的倾向，变成了绿色相，这样就失去了冷暖转变的目的和意义。在绘画中刻画某物体时，其亮部与暗部的色彩冷暖是不同的，亮部色彩的冷暖和暗部色彩的冷暖相区别，才符合物体色彩的客观变化，这要求我们熟练掌握色彩冷暖的变化方法。

1. 色彩冷暖的变化方法——将颜色转暖

（1）将某颜色中调入一定量的同类色中更暖的颜色，可以使该颜色变暖。我们以淡黄为对象做一下转暖实践。

步骤一：分析。淡黄的同类色有柠檬黄、中黄、土黄、桔黄等，其中除柠檬黄外其他颜色都比淡黄暖。

步骤二：选色。选取桔黄色为提高淡黄暖度的颜色。

步骤三：混合。将不同量的桔黄色分别混合到淡黄中并调匀，再将每次混合后得到的新的颜色涂于纸上。

步骤四：结果。我们可以看到随着在淡黄色中调入桔黄色量的不断增加，新的颜色变得越来越暖（图 6–10、图 6–11）。

（2）将某颜色中调入一定量的比该颜色暖的另一种色相，可以使该颜色变暖。同样以淡黄为对象做一下转暖实践。

步骤一：分析。比淡黄暖的颜色有橙色、红色、赭石等。

步骤二：选色。选取大红为提高淡黄暖度的颜色。

步骤三：混合。将不同量的大红色分别混合到淡黄中并调匀，再将每次混合后得到的新的颜色涂于纸上。注意每次调入红色的量一定要控制好，一旦调入量太大就会改变黄色的色相，变成橙红色。

步骤四：结果。我们可以看到随着在淡黄色中调入大红色量的不断增加，新的颜色变得越来越暖（图 6–11）。

2. 色彩冷暖的变化方法——将颜色转冷

（1）将某颜色中调入一定量的同类色中更冷的颜色，可以使该颜色变冷。

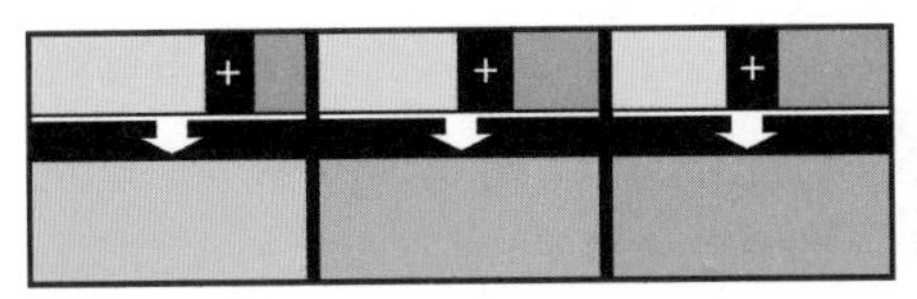
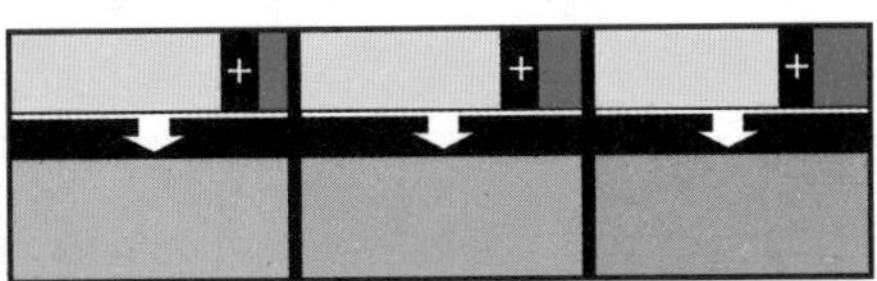

图 6–10（左）
图 6–11（右）

以淡绿色为例，看一下将淡绿色调冷的过程。

步骤一：分析。淡绿的同类色相有浅绿、中绿、粉绿、翠绿等，其中粉绿、翠绿均明显比淡绿色冷。

步骤二：选色。选取翠绿色为提高淡绿冷度的颜色。

步骤三：混合。将不同量的翠绿色分别混合到淡绿色中并调匀，再将每次混合后得到的新颜色涂于纸上。

步骤四：结果。我们可以看到随着在淡绿色中调入翠绿色量的不断增加，新的颜色变得越来越冷（图 6–12、图 6–13）。

（2）将某颜色中调入一定量的比该颜色冷的另一种色相，可以使该颜色变冷。同样以淡绿色为例，看一下用这种方法将淡绿色调冷的过程。

步骤一：分析。比淡绿冷的非同类色相是蓝色系中各种蓝色，包括湖蓝、普蓝、群青蓝等。

步骤二：选色。选取湖蓝为提高淡绿冷度的颜色。

步骤三：调色。将不同量的湖蓝色分别混合到淡绿色中并调匀，再将每次混合后得到的新颜色涂于纸上。

步骤四：结果。我们可以看到随着在淡绿色中调入湖蓝色量的不断增加，新的颜色变得越来越冷（图 6–13）。

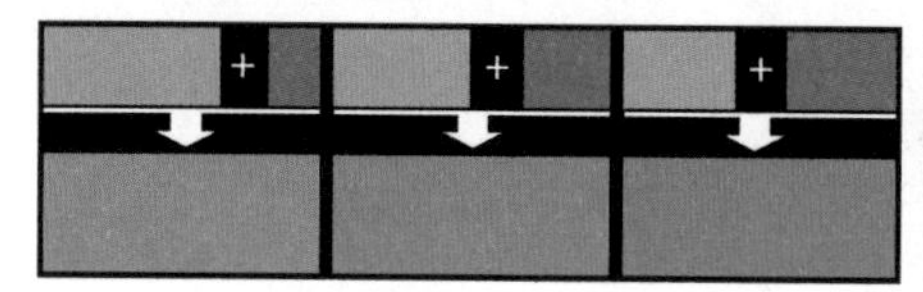

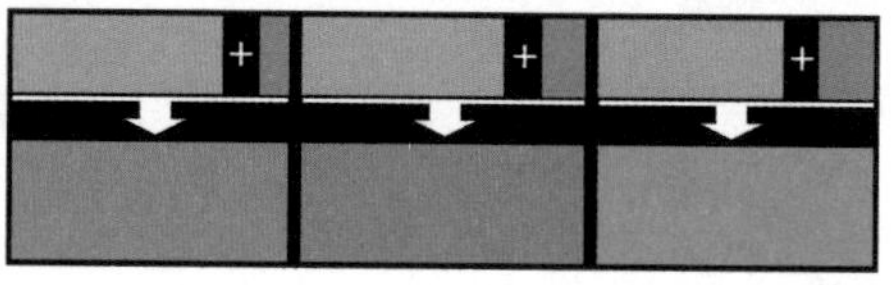

图 6–12（左）
图 6–13（右）

将颜色冷暖改变，要根据不同的色相之间的兼容性和绘画中实际需要的色彩纯度来选择颜色，不能盲目选择对比极强的颜色。因为有些对比极强的两种颜色兼容性较差，相互混合后颜色会发生较大的变化，得到不理想的结果。比如互补色相互混合，无论是将原有色变冷还是变暖，它们之间等量混合后往往会失去原有的色彩倾向，颜色变得极灰。关于色彩冷暖变化的控制能力与经验更多的需要在长期的写生实践中不断地摸索与积累。

6.1.5 任务 1 色度表现

目的：（1）通过基本色彩混合练习，理解色彩混合的基本原理；

（2）理解色彩三要素的概念，掌握明度、纯度、冷暖的表现方法和色彩等级的控制方法；

（3）掌握基本的工具使用方法，熟悉颜料特性。

时间：90 分钟。

工具：水粉纸、水粉颜料、调色盘、涮笔桶、铅笔、水粉笔、直尺等。

内容与步骤：

（1）间色表现（图 6–14*a*）

1）在作业纸上用尺子与铅笔画三排 3cm × 2cm 的方格，每一排画三个格子；

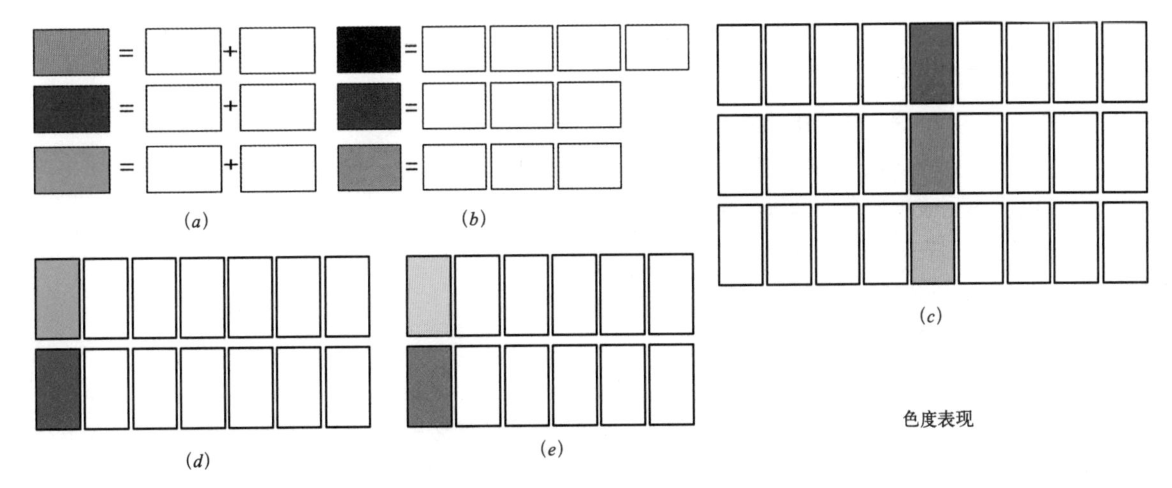

图 6–14

2）三排格子中第一排为橙色表现，第二排为紫色表现，第三排为绿色表现；

3）分别将能调出各组间色的两种原色画于每一排的后两个格子中，再将等量的前两个方格中的原色混合后涂于每一排的第一个格子中。

（2）复色表现（图 6–14*b*）

1）褐色：用四种颜色混合调出褐色；

2）赭石：用三种颜色混合调出赭石色；

3）土黄：用三种颜色混合调出土黄色。

（3）明度表现（图 6–14*c*）

1）以大红为对象，由暗到亮调出大红的 9 个层次明度等差序列，每个色块尺寸为 2.5cm×1.5cm；

2）以湖蓝为对象，由暗到亮调出湖蓝的 9 个层次明度等差序列，每个色块尺寸为 2.5cm×1.5cm；

3）以中黄为对象，由暗到亮调出中黄的 9 个层次明度等差序列，每个色块尺寸为 2.5cm×1.5cm。

（4）纯度序列表现（图 6–14*d*）

1）以浅绿为对象，通过与互补色混合调出浅绿的 6 个层次纯度等级序列，每个色块尺寸为 2.5cm×1.5cm；

2）以玫瑰红为对象，通过与黑、白色混合调出玫瑰红的 9 个层次纯度等级序列，每个色块尺寸为 2.5cm×1.5cm。

（5）冷暖序列表现（图 6–14*e*）

1）以淡黄为对象，通过与同类色混合调出黄色的 5 种冷暖等级序列，以淡黄为中心，向左转冷，向右转暖，每个色块尺寸为 2.5cm×1.5cm；

2）以中绿为对象，分别与两种颜色混合调出中绿色的 5 种冷暖等级序列，以中绿为中心，向左转冷，向右转暖，每个色块尺寸为 2.5cm×1.5cm。

课下作业：

（1）明度序列表现；

（2）纯度序列表现；

（3）冷暖序列表现。

要求：（1）用与课上同样的规格与方法表现；

（2）明度序列表现对象为中绿、橘红、钴蓝；

（3）纯度序列表现对象为淡黄、群青蓝；

（4）冷暖序列表现对象为大红、中黄。

6.2 物体的基本色彩

绘画中物像的亮、灰、暗部色彩不是单一的，而是富有变化的。这些变化有其物理成因，因此物体的基本色彩变化可以遵循一定的规律。物体的基本色彩受到光与环境的影响而产生变化，一般由光源色、环境色和固有色组成。

6.2.1 物体基本色彩的成因及规律

1. 光源色

当某种光照射到物体表面时，物体受光部分颜色会发生一定变化，这种因为光源照射而发生变化的色彩叫作光源色。光本身是有颜色的，光的颜色或冷或暖照射到物体表面，在使物体产生明暗关系的同时会给物体色彩的冷暖带来变化。简单地说，光源色由物体本身的颜色和光色重叠组成，用一个公式来表达为：光源色＝物体颜色＋光色。从这个意义上来说，"光源的颜色就是光源色"显然是不准确的。正确认识光源色的概念有助于我们更好地理解物体基本颜色及物体基本颜色的冷暖变化规律。

既然物体颜色与光有关，我们需要先来研究一下光。我们日常接触的光大多是有色光，如太阳光、自然光和各种灯光。在白天的室内，我们所触及的是自然光，晚上我们使用的是灯光，晴天户外我们接触的是阳光，这些光的颜色都有其物理成因，这里我们暂不做更深的探究，但我们必须要知道这些光色是冷的还是暖的，以及它们确切的色彩倾向，这对于表现物体基本颜色及画面冷暖关系具有重要作用。绘画中常用的光可分为冷色光和暖色光，自然光、多数荧光灯（管灯等）发出的光属于冷色光，颜色倾向于蓝紫色；太阳、钨丝灯泡和少数荧光灯的发出的光属于暖色光，颜色倾向于暖黄色（图 6–15）。亮度较强的光容易被眼睛适应，

图 6–15

而不容易被感觉出冷暖，如自然光和阳光，我们大多数时候都在接触和使用自然光和阳光，大家感觉它们是无色或白色的，其实这是一种错觉，这是因为眼睛长时间的适应而无法分辨其冷暖而造成的。亮度相对较弱的光容易被感觉出冷暖，如钨丝灯泡、傍晚的阳光等。

我们了解了光色，就很容易理解光源色的成因，光源色其实就是物体受光部的主要色彩，物体受光部色彩的冷暖取决于光色的冷暖。物体表面被冷色光照射时，物体受光部色彩与背光部色彩相比较会显得冷，即受光部冷，背光部暖；物体被暖色光照射时，则受光部暖，背光部冷（图 6–16）。这是通常情况下的冷暖变化规律，在特殊的情况下，这种规律也会发生局部颠覆，当然这属于少数情况。我们在写生中要善于发现与总结，努力提高眼睛对色彩的感知力，以“客观”为出发点，不能一成不变地按照一种模式去认识和理解色彩，因为绘画中的色彩变化更注重“感觉与灵性”，完全按照理论去套用色彩只能画出平庸无奇的作品。

图 6–16（上）
图 6–17（下）

2. 环境色

环境色的产生也与光有着密切的关系。当光照射到物体上时，物体对光都会发生一定的反射，反射光一般会体现出物体本身的色彩，而这个色彩被反射到其他物体上时，其他物体的局部颜色会发生一定的变化，这种由于光的反射作用而发生改变的色彩叫作环境色。简单地说，环境色就是物体与环境之间颜色相互作用而产生变化的色彩。就静物写生而言，物体所在的“环境”不是单方面代表静物中的衬布，只要能对物体颜色产生变化的、发生反射作用的物体色彩都属于环境因素，衬布与物体之间的色彩是相互影响的，衬布上的物体同样属于衬布的环境因素。因此，在写生中我们要观察和考虑衬布颜色与物体颜色间相互作用而带来的色彩变化。光的反射与吸收是同时存在，这主要取决于物体本身的明度与质感，明度高、表面质地光滑的物体对光的吸收量少而反射比较强；明度低、表面质地粗糙的物体对光的吸收量多而反射量较少。这个规律决定了环境色有强有弱，较强的环境色可以明显地被感知，而较弱的环境色有时不容易被感知，但无论环境色强与弱，在我们作画时要根据画面的实际需要来适度地表现环境色，有时需要夸张地表现，有时又需要削弱地表现，目的是让画面更为和谐与完美（图 6–17）。

3. 固有色

物体本身所固有的颜色叫作固有色。光源色和环境色都是受到相关因素影响而形成的颜色，它们分别受到光和环境的影响，这些色彩的变化一般体现在物体的固定区域，而固有色的存在也有其具体的位置，这个位置不受光与环

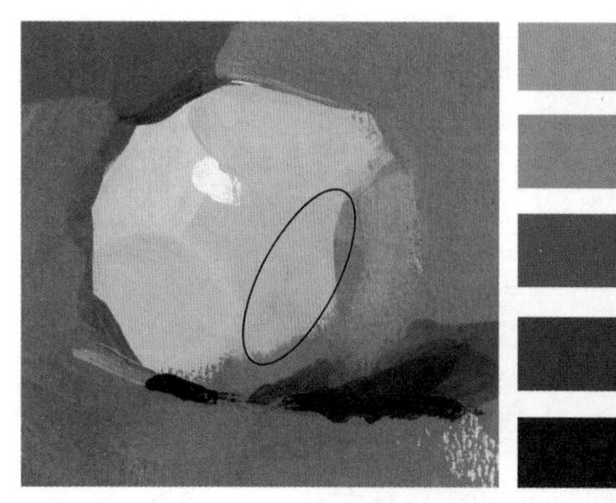

图 6-18（左）
图 6-19（右）

境的影响，或影响很小，通过观察我们可以发现这个区域就是物体亮部与暗部交界并偏向于亮部的位置（图 6-18）。固有色反映出物体本身颜色的色相、明度与纯度的客观状态，很多情况下它在一个物体上多处存在，这是由物体的结构决定的。

光源色、环境色和固有色构成了物体的基本颜色，因为三者在物体上所处的位置不同，他们的明度、纯度和冷暖等都是不同的，物体的基本颜色是组成色彩形体的基本色彩元素与依据。在自然光照射下，物体色彩的冷暖、纯度都伴随着明度的变化而变化，即物体颜色纯度随着明度的降低而降低，明度高颜色相对纯度高一些，反之纯度则低一些；物体颜色明度高，颜色要冷一些，而随着明度的降低，颜色会逐渐变暖（图 6-19）。

6.2.2 物体基本颜色表现的方法

1. 光源色的表现

在一般情况下，我们首先要判断光源颜色的属性，即光源颜色是冷还是暖，同时还要确定光的色彩倾向，然后将一定量的光的色彩调入固有色中，再把调出的新的色彩提亮一些就是物体的光源色。在调和光源色的过程中要注意一项基本的原则，即在改变固有色冷暖的时候不能改变固有色彩的基本倾向，尤其是遇到固有色比较纯的物体时，应该保证其纯度不能明显降低。很多时候为了保持颜色的纯度，甚至在光源色中无需加入光的颜色，而是直接选用一种比固有色冷或暖的同类色并将其明度提高作为光源色即可。

2. 环境色的表现

环境色往往出现在物体暗部或受光源影响较弱的地方，一般是在物体暗部颜色中调入一定量的被反射物体的颜色，就形成了环境色。衬布上有时也会出现环境色，当衬布颜色较浅而衬布上摆放的物体颜色比较鲜艳时，物体的色彩就会被反射到衬布上，形成环境色，这种情况下环境色仍然按照常规的方法进行调配。环境色的强弱受到物体本身色彩明度、纯度及被反射的颜色纯度与明度的影响，我们在写生中通过不断观察与总结就会掌握。

3. 固有色的表现

固有色的表现主要靠观察，作画时要仔细观察明暗交界线附近、靠近受光方向的区域，尤其是其明度与冷暖，固有色的明度与冷暖介于光源色与物体暗部颜色之间。

4. 任务 2　物体基本颜色分解

目的：(1) 通过物体基本色彩的分解练习，理解物体基本颜色的冷暖变化规律；

(2) 掌握物体基本颜色与明度、纯度的关系。

时间：30 分钟。

工具：水粉纸、水粉颜料、调色盘、涮笔桶、铅笔、水粉笔、直尺等。

内容与步骤：

(1) 在作业纸上画好指定的方格，每个方格尺寸为 3cm × 2cm（图 6–20）；

(2) 选择一幅色彩画面中两种颜色（黄、绿）的水果，分别将这两种颜色水果的基本颜色表现于两组方格中（图 6–21）。

物体基本颜色分解

1. 黄色水果的基本色彩

固有色	=			
光源色	=			
暗部色	=			
环境色	=			

2. 绿色水果的基本色彩

固有色	=			
光源色	=			
暗部色	=			
环境色	=			

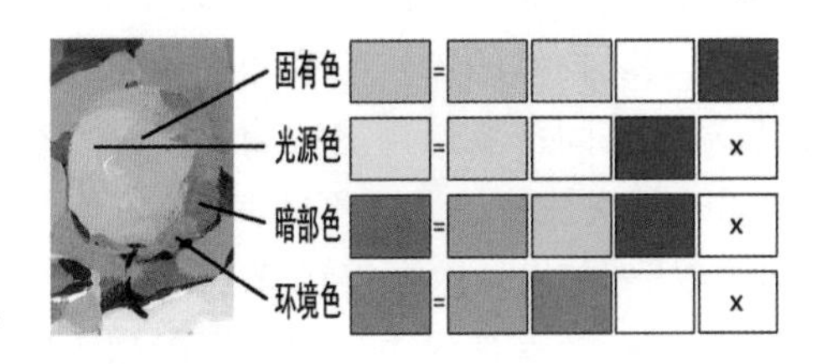

图 6–20（上）
图 6–21（下）

1）先将黄色水果的固有色找到并调出来，画于第一排第一个格子中，然后在后面的几个格子中表现调出固有色所用的几个颜色；

2）将黄色水果的光源色调出来，画于第二排第一个格子中，然后在后面的几个格子中表现调出光源色所用的几个颜色；

3）将黄色水果的暗部颜色调出来，画于第三排第一个格子中，然后在后面的几个格子中表现调出暗部颜色所用的几个颜色；

4）将黄色水果的环境色调出来，画于第四排第一个格子中，然后在后面的几个格子中表现调出环境色所用的几个颜色；

5）以上述的方法表现绿色水果的基本颜色；

6）根据所表现出的颜色，说明物体基本颜色在冷暖、纯度、明度上的变化规律。

6.3　色彩关系

任何一幅色彩画面都是由丰富的色彩组成的，在丰富的色彩之间存在着色相、明度、纯度、冷暖之间错综复杂的影响与制约关系，这种关系决定和影响着画面效果。画面在统一中又富有变化，在协调中又不失对比，同时又有主观服从客观、局部服从整体的关系，这些关系归纳起来就是色彩关系。色彩关系主要包括素描关系、冷暖关系。色彩关系直接影响着画面效果，是画好色彩画的关键因素。我们要经过不断的绘画实践积累与总结才能将色彩关系真正把握，学习中要以色彩知识为指导，通过大量的色彩写生和临摹等手段积累经验，最终掌握色彩绘画的实质。

6.3.1 素描关系

画面物体的形态、体积与空间关系属于素描关系。在学习色彩绘画之前我们已经掌握了素描的绘画手段与表现形式，素描是单色的、具有空间效果的绘画形式，而色彩绘画是彩色的、具有空间效果的绘画形式，它们共同的因素是"空间效果"，这种"空间效果"是表现物体客观性的重要因素，也是如实描绘物象客观效果的基本条件之一，因此素描关系是色彩绘画的前提关系，没有素描关系的绘画是平面的、不客观的、没有真实感的。

色彩绘画要遵循素描中的基本法则与规律，比如：透视、虚实、明暗、整体关系等。通常素描中表现物体的体积与空间要运用"三大面"、"五大调子"的明暗因素，在色彩中也同样要运用这些因素，只是在明暗的表现形式上有所区别，在色彩中明暗层次往往是通过不同明度的"色块"来实现的（图6—22），一般色彩写生中对单个物体的刻画由亮到暗所分成的若干色阶不一定像素描中那么丰富，也不一定像素描中对比那么强烈，这是由色彩的表现形式和色彩的视觉特性决定的，但是要求画者要尽力地依据客观效果调出多层次明暗色阶来表现物体的真实感。一般对于素描造型能力较强的画者来说，经过少量练习也会比较准确地把握住色彩画面的素描关系。在画面整体素描关系上，要准确把握写生对象中物体间的明度对比关系；在画面的虚实关系上依据的基本原则仍然是"近实远虚"，将物体"虚化"处理有几种方法（图6—23）：

（1）削弱物体的明暗对比度，使其亮部与暗部的明度对比减弱；

（2）削弱物体边缘线，将物体的外轮廓线处理得松弛、模糊；

（3）对于纯度较高的物体需要对明暗对比度、轮廓线削弱的同时，将纯度也降低。

色彩绘画中的素描关系是与其他关系同时建立起来的，比单纯的素描绘画要难于表现，画者要学会观察，做到心中有数，有的放矢。

图6—22（左）
图6—23（右）

6.3.2　冷暖关系

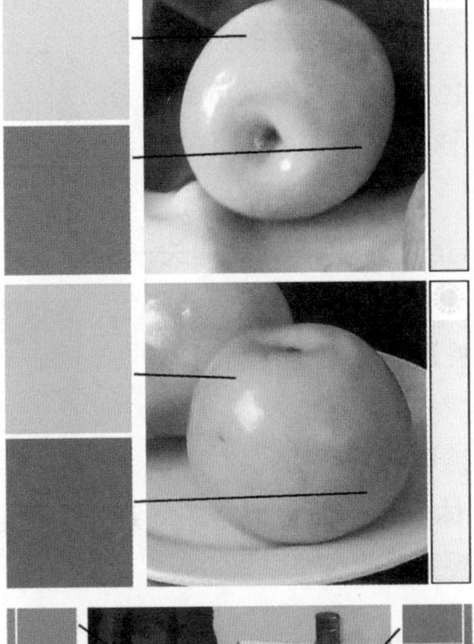

图 6–24（上）
图 6–25（下）

冷暖关系在色彩绘画中具有相当重要的作用，是色彩绘画的根本所在。冷暖关系主要包含两个方面的意义。

1. 冷暖关系的含义及规律

在光的照射下，物体的受光面与背光面色彩冷暖发生相对的、有规律性的变化，这种受光面与背光面的色彩冷暖对比关系是冷暖关系的第一层含义。

光色的冷暖对色彩的变化起着非常重要的作用。在暖色光线照射下，物体色彩变化的规律为"受光暖"、"背光冷"；在冷色光线下的物体，物体色彩变化的规律为"受光冷"、"背光暖"（图 6–24）。在同一种光源照射下的多个物体，它们受光面与背光面的冷暖变化是统一的。在一幅画面中，如果一个的物体的色彩是受光面冷、背光面暖，那么其他物体的色彩也必然是受光面冷、背光面暖。如果画面多个物体色彩冷暖关系出现错乱，那么画面将出现矛盾的效果，看起来不和谐。受光面与背光面之间的冷暖变化是宏观的、主要的变化，而在受光面与背光面各自的区域内随着明暗层次的变化也有微妙的冷暖变化，也就是说亮部区域内有冷暖变化，暗部区域内也有冷暖变化。这些区域内的不同冷暖的色彩必须服从于这个区域内的总体明度要求、纯度要求和色相要求（图 6–25）。图 6–25 中罐子与酒瓶的整体亮部色彩与暗部相比是冷的，而在亮部区域的各块颜色又有微妙的冷暖差别；同样，暗部色彩与亮部相比是暖的，而暗部区域内的各块颜色都是有冷暖区别的。由此可见，冷暖变化几乎无处不在，既有宏观的，又有"微观的"，既有明显的，又有微妙的。如此多的冷暖变化让画面色彩变得丰富、生动而又有表现力，可见色彩的冷暖关系在绘画中的重要性。我们在学习和实践中必须尽力丰富画面中色彩的冷暖，让更多的、可行的、合理的色彩出现于画面中，使画面色彩更加生动、有力。

色彩学习中我们经常要通过观察来获得一些色彩信息，但不是所有颜色都是要依靠观察来获得的。有时候完全客观地表现某个物体的冷暖关系会显得色彩效果平淡，缺乏表现力，在这种情况下我们可以将冷暖适度地夸张表现。比如让暖的区域更暖一些，或让冷的区域再冷一些，可以让色彩表现力增强。有时候，在物体上有些微妙的冷暖变化是不容易被观察到的或用肉眼是分辨不出的，但它们却又客观存在，这种情况下我们也可以夸张一点表现出物体色彩的冷暖变化，但注意夸张得要适度，夸张的目的是让色彩更具有真实感，避免出现"失真"的效果。

画面各个局部色彩的冷暖与整体色彩冷暖之间的协调与对比关系是冷暖关系的第二层含义。主要指局部物体色相本身的冷暖与画面整体色调之间的关系，详见"6.4.4 冷暖的协调与对比"。

色彩的冷暖关系是色彩中最重要的关系，是主宰画面色彩效果最有力的武器，是色彩绘画的灵魂，没有冷暖关系的画面是没有色彩的、没有生命力的。

物体亮部、暗部冷暖变化

1. 黄色水果　　2. 绿色水果

亮部颜色　暗部颜色

亮部颜色　暗部颜色

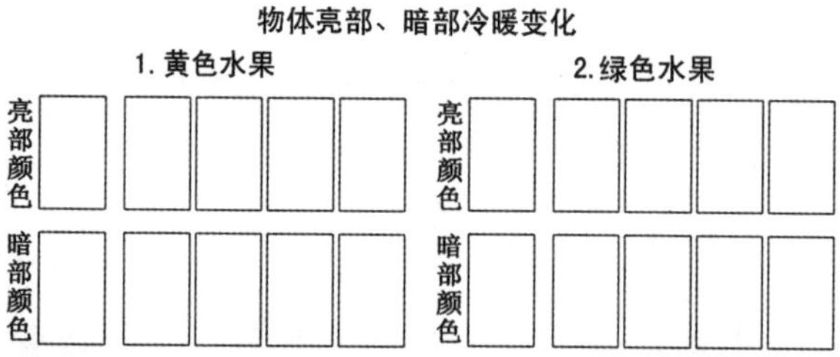

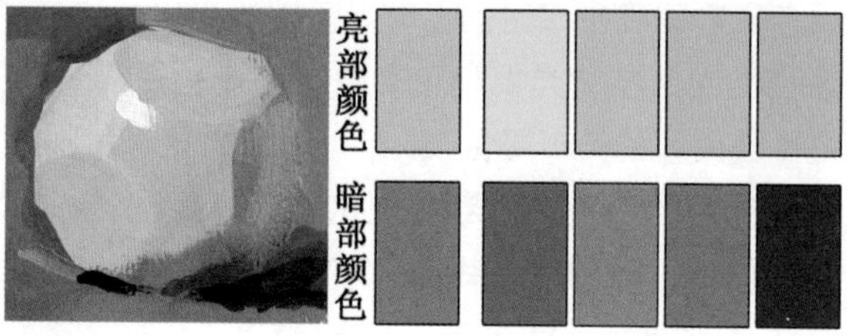

图 6–26（上）
图 6–27（下）

2. 任务 3　色彩冷暖分解

目的：通过对物体颜色平面提取练习，理解冷暖变化规律与冷暖关系含义。

时间：50 分钟。

工具：水粉纸、水粉颜料、调色盘、涮笔桶、铅笔、水粉笔、直尺等。

内容与步骤：

（1）将作业纸画好指定的方格（图 6–26）。

在作业纸上用尺子与铅笔画两组方格，每一组为两排，每一排横向画五个格子，每个方格尺寸为 3cm × 2cm；

（2）选择一幅色彩画面中两种颜色（黄、绿）的水果；

（3）分别将两种颜色水果的亮部和暗部总体颜色分别表现于两组方格的第一格中，对比每种水果亮部与暗部颜色的冷暖（图 6–27）；

（4）分别找到每种水果的亮部颜色的各个变化，并表现于亮部总体颜色后面的四个方格中；

（5）分别找到每种水果的暗部颜色的各个变化，并表现于暗部总体颜色后面的四个方格中；

（6）根据所表现出的颜色，说明物体色彩冷暖变化规律。

6.4　色彩的协调与对比

一幅画面中，存在着既对立又统一的关系，对立中有统一，统一中又有对立。这种既对立又统一的关系就是色彩的协调与对比关系。色彩对比要建立在色彩协调的基础上，色彩协调也要保持基本的色彩对比关系。在绘画中色彩的协调与对比包括纯度、明度、色相、冷暖等方面因素。一幅画面如果只强调协调，忽略对比，对比关系就会被削弱，画面则会产生单调、乏味、平淡、死气和不真实之感；若画面只强调对比，而忽略协调，就会失去和谐、统一、平衡的局面，给人以强烈的刺激感。因此，处理画面关系时要善于提高主观处理色调的能力，将色彩的协调与对比关系处理得恰到好处。色彩的协调与对比是决定画面效果重要因素之一。

色彩的协调中，"协调"一词指和谐一致，配合得当。那么简单地说色彩的协调就是将画面明度、纯度、色相、冷暖等因素处理得和谐一致，配合得当。一幅画面中也是有"组织"的，成员分别是明度、纯度、色相、冷暖，将这些成员的关系一一梳理好，使之配合得当，便会形成一个谐和、统一的画面。

在绘画中，色彩协调没有统一的标准，而是根据作者视觉经验和主观意愿来控制的。色彩的协调主要是通过建立画面色调的过程实现的，在这个过程中为色相、明度、纯度、冷暖等进行统筹，使画面色彩关系和谐、统一并对比明确。色调是一幅画面中全部色彩所形成的总体倾向。色调按冷暖可分为冷色调、暖色调和中性色调；按明度、纯度和色相还可以分出更多种色调，在现阶段我们接触与应用较多的是以冷暖划分的色调。

色彩的对比指画面中色彩的纯度、明度、色相、冷暖等在和谐、统一的基础上保持的明确的比较关系。一幅画面是由多种不同的色相、明度、纯度及冷暖的色彩构成的，这些不同的元素本身都存在着客观的差异，这种差异是建立在客观存在基础上进行的，是使画面呈现真实感的重要条件，因此绘画中色彩的对比是画面不可缺少的、重要的色彩关系之一。

色彩对比必须在整体关系协调的前提下进行，通过主观的削弱或加强对比关系，使画面效果更为鲜明有力，或达到画者的某些意图。比如，想要使画面呈现出安静、素雅的效果，可以将明度对比和纯度对比主观减弱来实现；若想使画面呈现强烈、明快感，可以适当地加强明度、纯度的对比来实现。画面对比过强是指画面色相、明度、纯度、冷暖等对比反差极大，画面产生强烈的跳越、尖锐、刺激效果，给人以不和谐的感觉。

6.4.1 色相的协调与对比

两种以上色彩组合后，由于色相差别而形成的色彩对比效果称为色相对比。它是色彩对比的一个根本方面，其对比强度取决于色相之间在色相环上的距离（角度），距离越小对比越弱，越容易协调，距离越大则对比越强，越不容易协调。一般画面色相的组合通常会有几种情况：同类色相组合、邻近色相组合、对比色相和互补色相组合。

1. 色相协调与对比的方法

同类色相指色彩倾向一致，冷暖、明度、纯度各不相同的颜色。比如，蓝色有普蓝、湖蓝、群青蓝、天蓝等，它们的色彩倾向都是一致的，对比不强烈，所以容易协调在一起（图 6–28）。

邻近色相是指在色相环上非同类色但距离近、彼此相邻的颜色，如红与橙、橙与橙黄、黄与黄绿、绿与蓝绿、蓝与紫蓝、紫与紫红等（图 6–28）。邻近色对比一般不强，比较容易协调，因为这些邻近色往往都"你中有我，我中

图 6–28

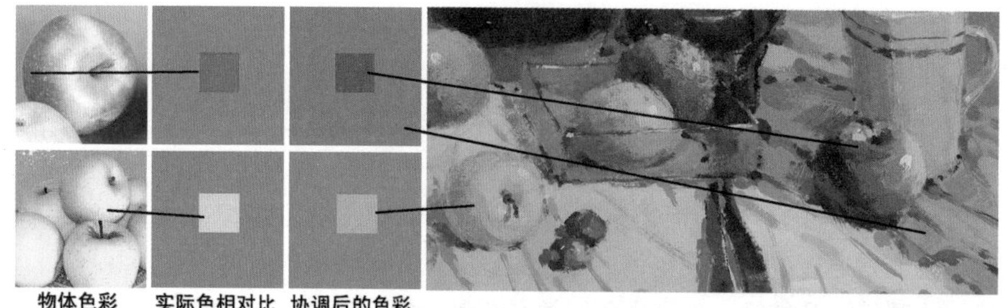

图 6–29

有你"，即邻近色中都含有共同的色彩成分，以蓝色和紫色为例，邻近蓝色的紫色就是由这个蓝色与红色混合后调和而成的，在这两个颜色中含有共同的色彩成分——蓝色，所以比较容易协调。

对比色是指色相冷暖反差较大的颜色，对比色是指在色相环上距离相隔 120° 角的颜色（图 6–28），如黄色与蓝色、绿色与紫色、橙色与绿色。对比色之间的对比较强，不容易协调，所以对比色相组合在一个画面上时，应该掌握基本的协调方法。协调对比色首先应该知道画面主色调的色彩倾向，然后将与画面主色调对比强的色相同时调入主调的颜色或主调的邻近颜色，或将每个对比色中都混合入另外一种颜色，让它们都含有共同的色素，达到协调。比如某画面主色调为倾向于蓝色的冷色调，画面中有蓝色衬布、红色物体和暖黄色物体，很显然红色物体与黄色物体与蓝色衬布对比会很强，在冷色调中不容易和谐，这时需要把红色与黄色物体中调入一定的蓝色或较冷的绿色，再将红色和黄色少量、局部的调入蓝色衬布中，即可达到和谐（图 6–29）。在进行对比色协调时要注意两点问题，第一，要保持被调整物体的色彩原有倾向，因为在调整过程中有时因为加入的协调色过量，会使物体原有色相发生偏离或改变，失去对比效果；第二，要保持被调整物体色彩的相对纯度稳定，因为有时为了协调会适当降低被调整色相的纯度，但不能过分降低纯度，以免降低画面纯度对比效果，失去被刻画物体的客观性（图 6–29）。

互补色是色相环上处在 180° 角的每一对颜色，是最强的色相对比，如红与绿、黄与紫、绿与红、蓝与橙。互补色相协调的难度很大，因为它们对比极为强烈。协调的基本方法是将互补色双方同时不同程度的混入同一色相，如同时混入灰色、黑色、白色等无彩色，也可以同时混入互补色对方、互补色共有的邻近色或其他颜色等，混入的颜色不同，效果也各有不同，主要根据画面的具体情况来定。注意混入色量的多少对纯度、明度的影响。我们需要更多的在实践中不断的总结与积累，才能真正把握好互补色的协调与对比关系（图 6–30）。

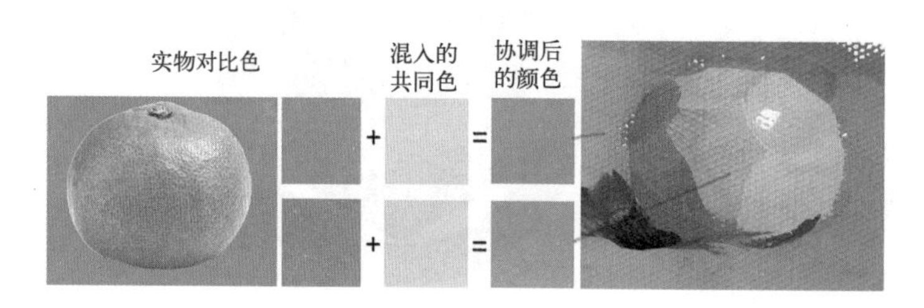

图 6–30

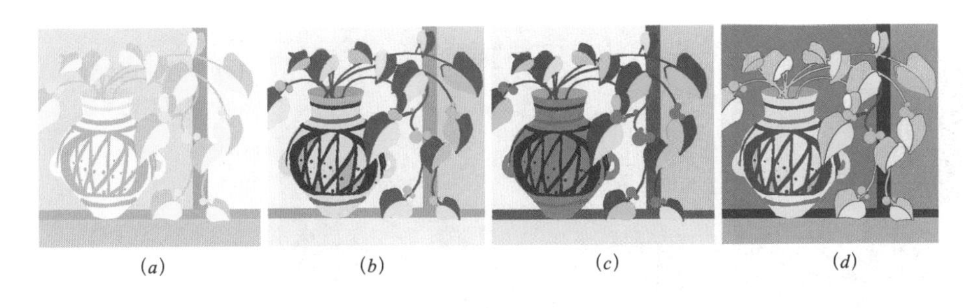

(a)　(b)　(c)　(d)

图 6–31
(a) 同类色对比；
(b) 邻近色对比；
(c) 对比色对比；
(d) 互补色对比

2. 任务 4　色相协调与对比平面表现

目的：掌握色相协调与对比的方法。

时间：60 分钟。

工具：白卡纸、硫酸纸、水粉颜料、调色盘、涮笔桶、铅笔、水粉笔、直尺等。

内容与步骤：

(1) 在作业纸上画好尺寸为 8cm × 8cm 的四个方格；

(2) 在硫酸纸上打好一个 8cm × 8cm 格后将要表现的图案画在上面，然后将硫酸纸的背面用铅笔均匀涂上铅，将统一图案用铅笔刻印到卡纸的每个方格中；

(3) 分别将四种色相对比表现于卡纸的四个方格中（图 6–31）。

6.4.2　明度的协调与对比

明度对比是指色彩明暗程度的对比，也称色彩的黑白对比。色彩绘画中的明暗层次与空间关系主要依靠色彩的明度对比来表现。每个画面都是由不同明度的物体组成的，这是客观的明度关系，这就要求画者需要准确的区分写生物象的不同明度差异和准确把握画面素描关系，否则就会造成画面明度层次单一、雷同、呆板、生硬等效果。

1. 明度协调与对比的方法

一般写生时要按照客观的明度差异表现画面，若适当提高或降低明度差异会让画面效果更为鲜明、表现力与空间感更强（图 6–32）。

图 6–32 中黄色衬布和白色衬布明度最高，水果及杯子的明度次之，罐子、酒瓶明度较低，蓝灰色衬布明度最低，这样由前到后、由亮到暗的明度分布使整体画面产生强烈的层次感和空间感。罐子后面的水果明度被主观降低且亮部与暗部明度对比减弱，削弱了它与蓝灰色衬布的对比强度，使其没有从后面“跳出来”，同时蓝灰色衬布的立面也被有意的降低了明度和明暗对比强度，从而增强了画面的空间感。后面明度较高的书本与前面明度

图 6–32

(a)

(b)

图 6–33
(a) 明度对比太强；
(b) 明度对比太弱

较高的物体得到了呼应，没有使画面出现沉闷感，同时书本与明度较低的酒瓶形成了鲜明的对比，再次增强了画面的空间感。

无论增强明度对比还是削弱明度对比都应该建立在协调的基础上，不能过分主观化，否则画面将出现极端的不和谐效果（图 6–33）。

根据孟塞尔色立体，每种颜色明度由黑到白等差分为九个等级，每等级明度差为一度，这个明度等级图即为明度标尺（图 6–34）。明度等级取决于色彩的明度序列的等差色级，通常把 9、8、7 这个明度阶段划为高明度色阶；6、5、4 阶段为中明度色阶；3、2、1 这个阶段为低明度色阶。选择任何一个单色，通过加黑或加白均可调制出渐变层次分明的明度等级。

不同的明度等级对比可以给画面制造出不同的气氛与格调，明度对比强，画面会有活泼、辉煌、热烈、奔放等感觉；明度对比弱，画面会有柔软、含蓄、轻盈、模糊、迟钝、神秘莫测等感觉。但这一切都需要在和谐的前提下进行。根据明度的不同等级、在画面中的比例大小及对比强弱，可以把画面分成九种调子，简称"明度九调"（图 6–35）。依据画面整体明度可分为高调、中调和低调。高明度色彩在画面中占有 70% 左右的面积时被称为高调，中明度色彩在画面中占有 70% 左右的面积时被称为中调，低明度色彩在画面中占有 70% 左右的面积时被称为低调。依据画面明度对比关系可分为长调、中调和短调，明度对比强，画面主要配色的明度差超过 5 级，被称为长调；画面主要配色的明度差在 5 级以内，明度对比适中，叫作中调，也叫中对比；画面主要配色的明度差在 3 级以内，明度对比弱，叫作短调，也叫弱对比（图 6–35）。画面一般是同时根据整体明度的高低和明度对比的强弱来区分的，于是产生了九种调子，即高长调、高中调、高短调、中长调、中中调、中短调、低长调、低中调、低短调（图 6–35、图 6–36）。

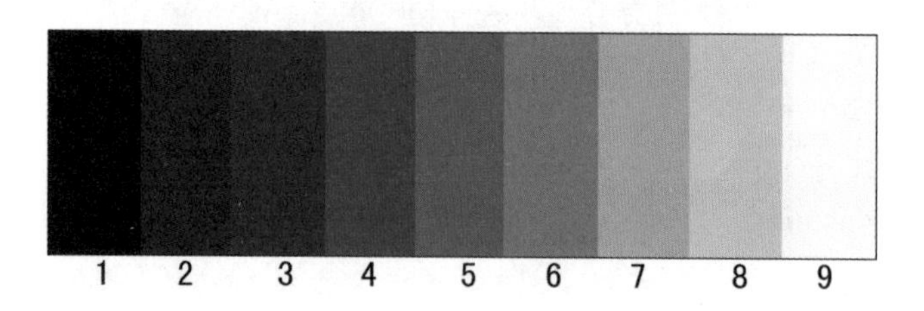

图 6–34

图 6-35

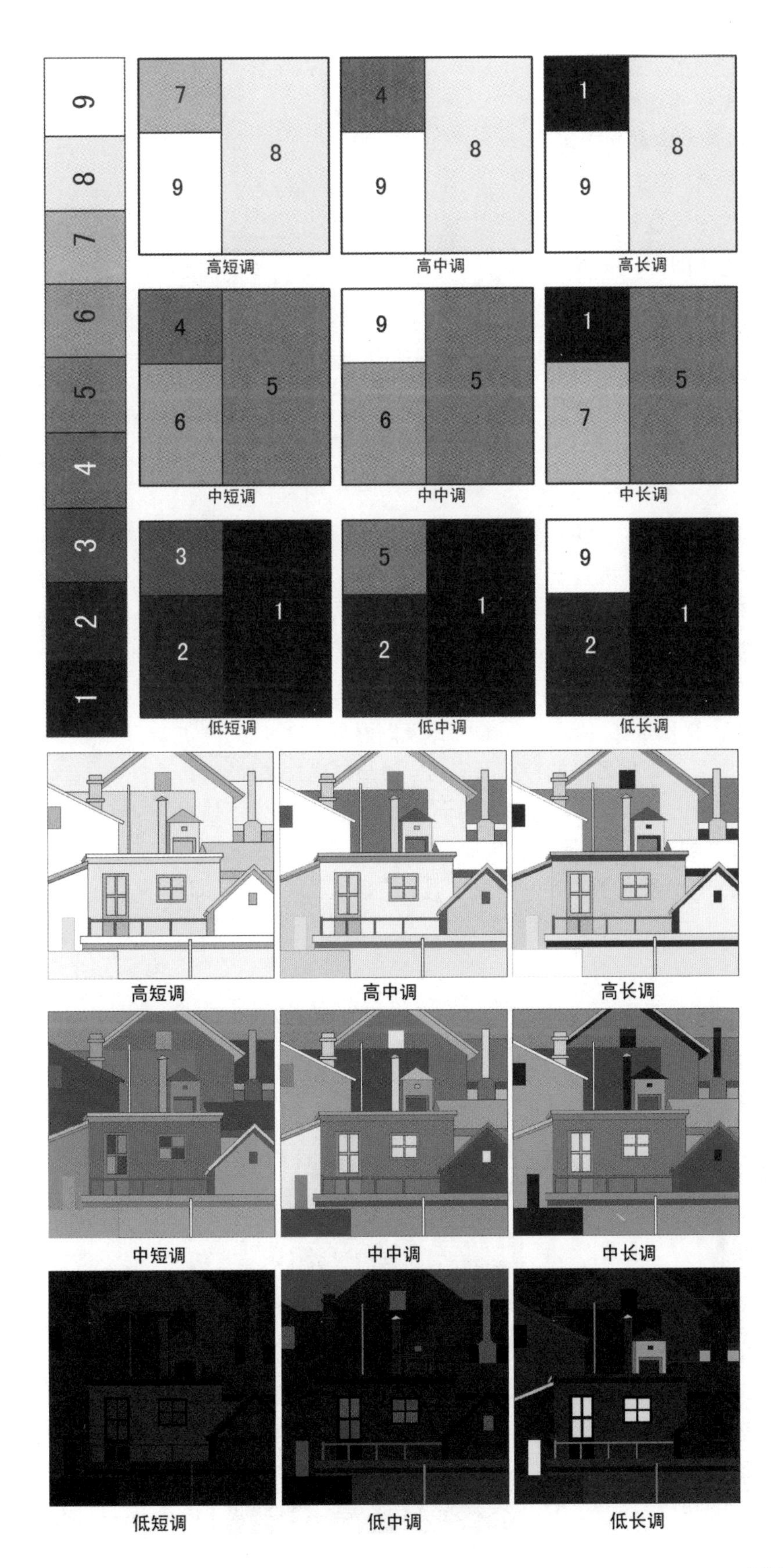
9
8
7
6
5
4
3
2
1
7
9
8
高短调
4
9
8
高中调
1
9
8
高长调
4
6
5
中短调
9
6
5
中中调
1
7
5
中长调
3
2
1
低短调
5
2
1
低中调
9
2
1
低长调
高短调
高中调
高长调
中短调
中中调
中长调
低短调
低中调
低长调

图 6-36

“明度九调”各自都有不同的特点并具有不同的情感特征。高长调属高调强对比，此对比反差较大，形象轮廓高度清晰，具有积极、明快、活泼、刺激、坚定的感觉；高中调是以高调色为主的中强度对比，具有明快、活泼、开朗、优雅的特点；高短调属高调弱对比，形象分辨力差，有优雅、柔和、高贵、软弱等特点，有女性色彩的感觉；中长调属中调强对比，此对比具有明确、稳健、坚实、直率感，有男性色彩的特点；中中调属不强也不弱的中调中对比，具有丰实、饱满、庄重、含蓄等特点；中短调属中调弱对比，有朦胧、含蓄、模糊、沉稳的感觉，易见度不高，有些呆板；低长调属低调强对比，其效果与高长调相似，具有对比强烈、刺激的感觉，但又带有苦闷、压抑的消极情绪；低中调属低调中对比，具有朴素、厚重、沉着、有力度的特点；低短调属低调弱对比，具有厚重、低沉、分量、深度的感觉。

图 6–37　高中调

“明度九调”在绘画中可以根据各自的特点而应用，为画面建立某种独特的意境（图 6–37 ~ 图 6–39），但有些短调和中调由于对比太弱，应用性不强。在设计中我们常常要选择性地应用某种调子给作品增添一些气氛与情感元素，使作品更具有内涵与深度。因此我们要掌握“明度九调”的基本表现方法，即明度对比的平面表现。

图 6–38　中中调（左）
图 6–39　低长调（右）

2. 任务 5　明度协调与对比平面表现

目的：掌握明度协调与对比的方法。

时间：60 分钟。

工具：白卡纸、硫酸纸、水粉颜料、调色盘、涮笔桶、铅笔、水粉笔、直尺等。

内容与步骤：

(1) 在一张大小为 25cm × 25cm 的卡纸上画出尺寸为 8cm × 8cm 的九宫方格 (图 6–40)；

(2) 在硫酸纸上打好一个 8cm × 8cm 格后将要表现的图案画在上面，然后将硫酸纸的背面用铅笔均匀涂上铅，将统一图案刻印到卡纸的每个方格中；

(3) 分别将"明度九调"表现于卡纸的方格中（图 6–41）。

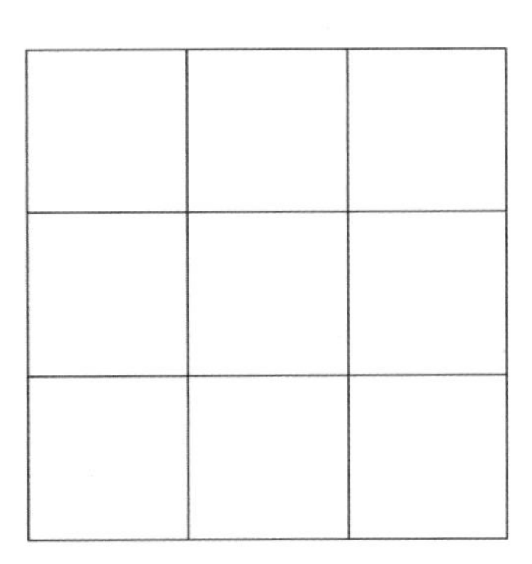

图 6–40

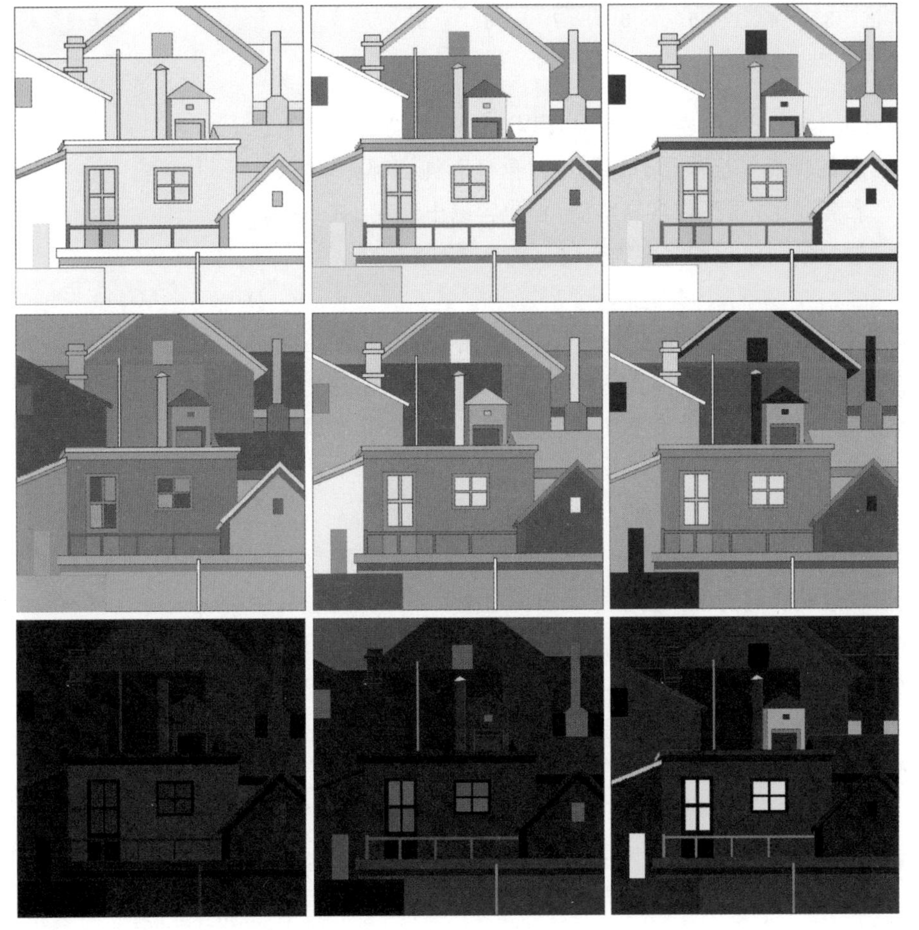

图 6–41

6.4.3 纯度协调与对比

作画时，我们常常发现画面中有些色彩特别活跃，好像就要从画面中“跳出来”一样，通常这种色彩的纯度会很高，并与其周围的色彩对比过强，这是因为该颜色纯度过高导致的不协调现象。有时也会发现画面过于朴素和平淡，缺乏生气，这是因为画面某些颜色的纯度太低造成的过于协调现象。画面纯度对比把握不好会直接影响到画面效果。如何把握画面中的纯度对比与协调关系呢？

1. 纯度协调与对比的方法

首先我们需要借助色立体上纯度色标来理解纯度对比的各种效果。我们把一个纯色和一个同明度的灰色按等差比例相混合，建立一个 9 个等级的纯度色标（图 6–42），用数字表示为 1 度～ 9 度，1 度为纯度最低，9 为纯度最高。1 度～ 3 度为低纯度色彩；4 度～ 6 度为中纯度色彩；7 度～ 9 度为高纯度色彩。纯度对比的强弱取决于色彩的纯度差别跨度的大小，我们按纯度色阶跨度分为纯度低彩对比、中彩对比、高彩对比和艳灰对比。

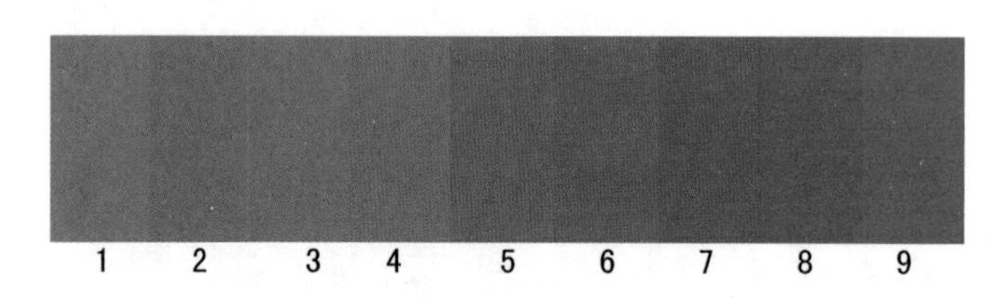

图 6–42

（1）低彩对比

低彩对比属于纯度弱对比，纯度差在 1 ～ 3 度以内，容易协调，具有色感弱、朴素、统一、含蓄的特点。当作画时遇到的对象色彩纯度都比较低时，要建立的画面便属于低彩度对比，虽然很容易协调，但也容易出现灰、脏、模糊、不丰富的感觉，所以要注意借助色相和明度的变化（图 6–43）。

（2）中彩对比

中彩对比属于纯度中对比，指纯度差在 4 ～ 6 度以内的对比，具有温和、沉静、稳重、文雅的特点，画面容易协调。这种对比一般会出现在基础静物写生对象局部，因为纯度中对比视觉力度不高，容易缺乏生气，而在风景中常会出现这种对比（图 6–44）。

（3）高彩对比

高彩对比属于纯度强对比，纯度差在 7 ～ 9 度，具有色感强、明确、刺激、生动、华丽的特点，有较强的表现力度，但不容易协调（图 6–45）。色彩写生中经常会遇到这样的对比，画面纯度高的物体较多，但不会全部色彩都是高纯度的。为了保证画面的协调，在遇到高彩对比时要考虑适当降低面积比较大的对比色纯度或同时将纯度高的对比色纯度降低，当画面前后同时出现纯度高的物体时，要将后面的物体纯度降低。

（4）艳灰对比

艳灰对比指纯度差 8 度以上的对比。是低纯度色和高纯度色的配合，其色彩饱和、鲜艳夺目、色彩效果肯定，具有强烈、华丽、鲜明、个性化的特点（图

图 6-43（左）
图 6-44（右）

图 6-45（左）
图 6-46（右）

6-46）。这种对比在静物写生中也是比较常见的，如灰色调静物中的大面积灰色背景与衬布的颜色与小面积高纯度水果颜色的对比。当小面积纯度高的颜色遇到大面积纯度低的颜色时，将纯度高的色彩纯度适当降低，在其周围的低纯度颜色中多调入一些环境色（图 6-47）；当小面积纯度低的颜色遇到大面积纯度高的对比色或补色时，将所有高纯度颜色纯度都降低一些，在小面积纯度低的颜色中适当调入主色调颜色（环境色）或主色调的邻近颜色。将纯度降低是在保证画面基本对比的前提下相对的降低，而不是违背客观将纯度高的东西故意画得很灰，而失去物体纯度基本的客观面貌。

一般纯度高的色彩会有向前跳跃的感觉，纯度低的色彩会有向后退缩的感觉。利用这一特性处理画面，可以使画面空间感增强。以静物写生为例，当画面有多个点出现高纯度色彩时，要考虑构图上的主要位置与次要位置，也就是画面视觉中心与外围的关系，在色彩纯度处理上的基本原则是“中纯外灰”、“近纯远灰”。“中纯外灰”即视觉中心纯，外围灰，这里的“灰”指的是纯度相对的低，而不是绝对的灰，当视觉中心与外围有相同纯度的色彩出现时，要保证视觉中心色彩的

图 6-47

纯度高，外围色彩的纯度低一些；"近纯远灰"指当静物前后有同纯度色彩出现时，要将前面的物体画得纯一些，后面的物体画得略灰一些。这样就会使画面变得有秩序感，不会花乱，也会增强画面空间感（图 6–48）。

图 6–48

图 6–48 画面上被方框圈中的位置是该画的视觉中心，视觉中心内"a"、"b"、"c"处水果纯度均比方框以外的标有相同字母的水果纯度高，这就是典型的"中纯外灰"、"近纯远灰"处理方法，这样可以使画面主体更为突出，整体空间感更强。

2. 任务 6　纯度协调与对比平面表现

目的：掌握纯度协调与对比的方法。

时间：60 分钟。

工具：白卡纸、硫酸纸、水粉颜料、调色盘、涮笔桶、铅笔、水粉笔、直尺等。

内容与步骤：

（1）将作业纸画好尺寸为 8cm × 8cm 的四个方格；

（2）在硫酸纸上打好一个 8cm × 8cm 格后将要表现的图案画在上面，然后将硫酸纸的背面用铅笔均匀涂上铅，将统一图案刻印到卡纸的每个方格中；

（3）分别将四种效果的纯度对比表现于卡纸的四个方格中（图 6–49）。

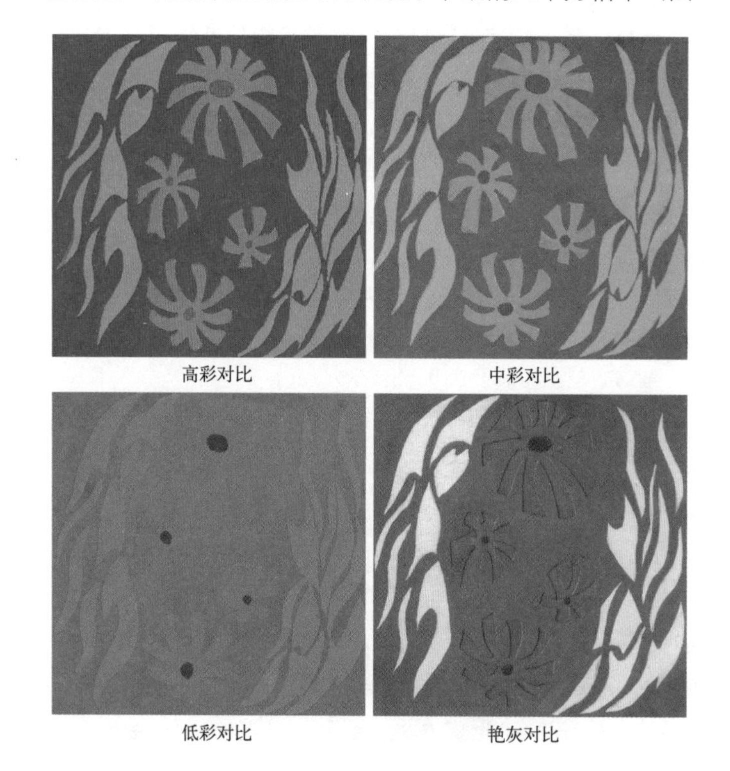

图 6–49

6.4.4 冷暖的协调与对比

冷暖协调与对比是指画面中冷色块与暖色块之间的协调与对比关系，也属于冷暖色相之间的冷暖关系。色彩的冷暖对比实际就是色相的冷暖对比，若干不同冷暖色相并置于一个画面中产生对比时，我们必须要把冷暖对比强烈的色相进行协调，使这些色相达到和谐与共融。绘画中一般以建立冷暖色调的方式协调画面中的冷暖色相，色调是如何建立的呢？

1. 冷暖协调与对比的方法

一幅优秀的色彩作品必然是有其独特的色调倾向的，如何确定色调的冷暖，通常从客观静物色彩的整体感受而言，占主导面积的物像色彩是偏冷色的，那么可以确定该组画面为冷色调，反之，则为暖色调。对象中其他物象的色彩即使与主调色冷暖对比较强，也应该服从于主色调的冷暖，如果整体画面为暖色调，那么整个画面的各局部色彩，也都应该顺从画面暖调趋势，色相较冷的物象要主观协调。从主观的角度而言，忽略对客观静物色彩的感受，则任何一组静物都有成为冷调或暖调的两种可能，但无论向着冷暖的哪个方向改变，都应该在不改变色相基本特征的前提下进行，保持不同色相鲜明的纯度、明度特征。简单来说，主观建立暖色调的方法是将画面所有色相中调入一种或几种暖色，使整体画面相对倾向于暖调（图 6–50）；主观建立冷色调的方法是将画面所有色相中调入一种或几种冷色，使整体画面相对倾向于冷调（图 6–51）。当有些局部色相冷暖与整体冷暖对比过强时，比如互补色，则应适度降低局部或双方色彩纯度。

图 6–50 是为写生对象建立的暖色调画面，因为该组静物中暖色占主导地位，所以比较容易建立暖色调。画面中几乎所有色相中都加入了共同的“统调媒介”——黄色，这样就使得画面所有色彩的暖度提高。画面中绿色苹果的暗部大面积调入暖黄色的同时，在最暗的边缘处适当加入一点红色使得它与红色衬布更为协调，而它的亮部则加入相对冷一些的黄色保持其黄绿色相与其他色彩形成鲜明的对比。

图 6–51 是为写生对象建立的冷色调画面，这个画面的统调颜色是蓝色与

图 6–50（左）
图 6–51（右）

青色。作画时在保持所有物体色彩倾向不变的前提下，分别在酒瓶与罐子的色彩中加入了蓝色，红色物体及背景中则调入了一些青色，为了保证水果的纯度则是直接以其更冷的固有色相为基础进行调和，这样整体画面便冷却下来，形成了和谐与统一的冷色调效果。

对于设计色彩来说，很多时候是以平面色彩方式来表现的，冷暖对比与协调关系不完全与绘画中的方法相同，更多的时候依靠视觉感受来衡量和谐与对比关系的平衡，即普遍视觉上达到平衡，色彩协调与对比关系便是成立的。绘画中除了建立色调外也有其他的方法可以达到平衡色彩的冷暖对比关系，需要我们在不断的实践中总结与摸索。

2. 任务 7　冷暖协调与对比平面表现

目的：掌握冷暖协调与对比的方法。

时间：60 分钟。

工具：白卡纸、硫酸纸、水粉颜料、调色盘、涮笔桶、铅笔、水粉笔、直尺等。

内容与步骤：

(1) 在作业纸上分别画两个尺寸为 15cm × 15cm 的方格和四个尺寸为 2cm × 3cm 的小方格；

(2) 将要表现的图案画在 15cm × 15cm 的方格中（图 6—52）；

(3) 分别将红、黄、蓝、绿四种颜色画于小方格中，以这四种颜色为主色分别进行冷暖色调表现，在 15cm × 15cm 的方格中根据图案设置颜色（图 6—53）。

色彩的协调与对比关系的处理是影响画面效果的重要因素之一，将平面表现与绘画相结合能够让我们更快地理解色彩知识，掌握表现方法，若将色彩表现能力进一步提高，需要投入更多精力进行写生与临摹实践。

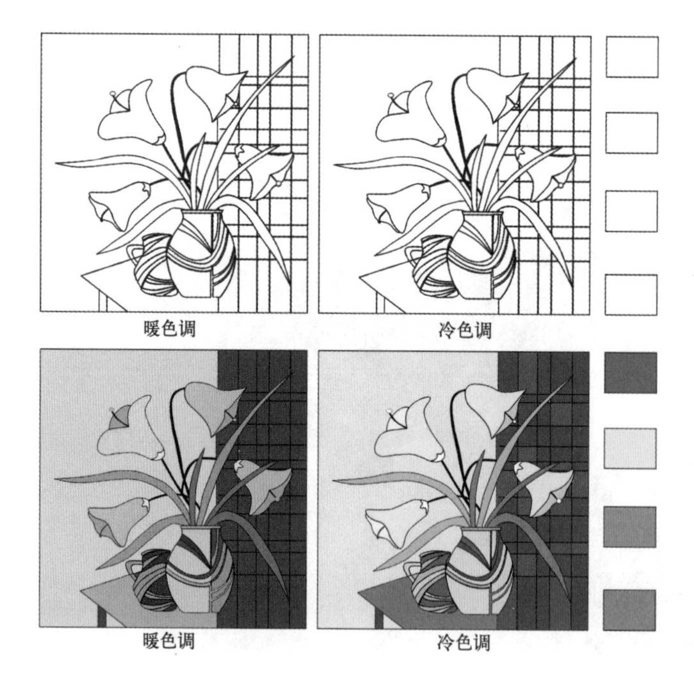

图 6—52（上）
图 6—53（下）

教学单元 7　色彩写生的颜料、工具及技法

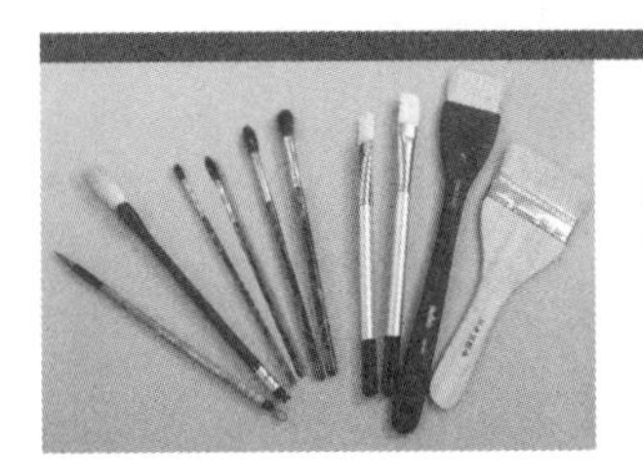

教学目标与计划

学时	教学目标和主要内容				
	任务名称	能力目标	知识目标	主要内容及说明	课下作业
4	任务8 水彩画技法实践 1.干画法实践 2.湿画法实践 3.接色法实践	掌握水彩画技法	了解水彩颜料的性质，基本掌握绘画工具及使用方法	1.讲授水彩颜料特性，水彩画工具的特点及使用方法； 2.讲授并示范水彩画各种技法； 3.学生课堂上进行任务8的实践	1.干画法实践 2.湿画法实践 3.接色法实践

7.1 色彩写生的颜料及工具

色彩绘画的颜料多种多样，如水粉、水彩、油彩、岩彩等，颜料不同，其特性、绘画效果也各有差异，相关的工具及使用方法也有着明显区别。鉴于建筑设计专业色彩表现的特点，选取水彩作为色彩写生的颜料更为适合。下面着重对水彩颜料及其相关工具的使用方法进行介绍。

1. 水彩颜料

水彩是一种易溶于水的颜料，必须与水相结合才能调和出各种各样的色彩。水彩颜料有如下特点。

（1）透明

水彩颜料与水融合后，较多的颜色是透明或半透明的，在颜料中调入的水分比例越多，颜色明度和透明度就越高。将水彩颜色提高明度一般不与白色混合，而是依靠水彩颜料的透明性质与纸白相互作用来提高颜色明度，这样能够保证水彩画通透、轻盈的效果。而白色则运用较少，因为白色颜料不透明且覆盖力较强，大面积应用会使画面失去水彩画效果。

（2）易干

水彩颜料与水融合后被涂在水彩纸上，水分在较短的时间内就会蒸发掉，颜料自然就干了。一般颜料中调入的水分越多，干得越慢，反之则越快。

（3）侵蚀性和沉淀性

有些水彩画颜料浸蚀性很强，如玫瑰红、翠绿、青莲等，涂到画纸上不易洗掉，但另外一些如群青、湖兰等颜料，则浸蚀力较差，比较容易洗掉。在写生中多了解它们各自不同的浸蚀作用和程度，有利于更好地控制画面效果。还有些颜料易于沉淀，如群青、钴蓝、煤黑、土黄、朱红、土红等，不宜于大面积浓重着色，但也可利用沉淀特点在画面上画出特殊效果。

2. 纸张

画水彩画必须选用水彩画专用纸张即水彩纸（图 7–1）。水彩纸吸水性比普通纸要强很多，磅数较高的厚度也较高，作画时不易破裂与起毛。水彩纸表

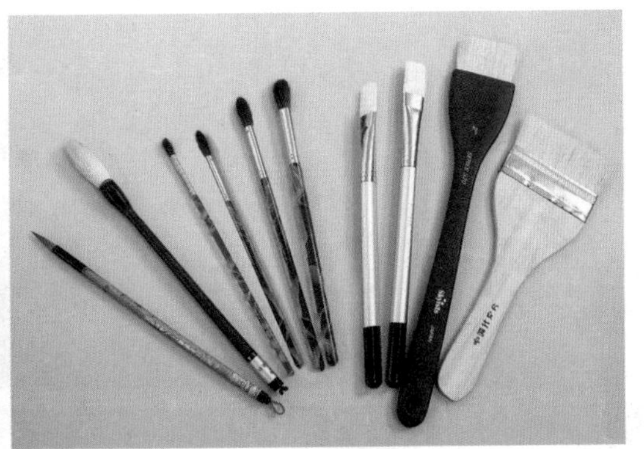

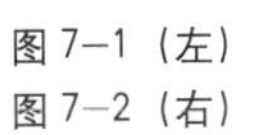

图 7–1（左）
图 7–2（右）

面有粗纹的、细纹的和平滑的，初学者选择粗纹的比较适宜。以制造手法又分为手工纸与机器制造纸，手工纸相对来说质地更好，价格也较为昂贵。

3. 笔

水彩画用笔有多种，一般分为水彩专用毛笔即水彩笔、国画毛笔、软毛笔刷和综合色彩画笔（图 7–2）。

4. 颜料盒

画水彩画一般选用 24 色颜料盒，封闭性要好，防止颜料蒸发。颜料盒要给作画时调色提供方便条件，颜料在盒子中的排放顺序要有一定的规则，一般将同一色彩倾向的颜色按明度由深到浅排列（图 7–3）。

5. 其他

画水彩画必不可少的辅助工具还有涮笔桶、水胶带、抹布等（图 7–4）。水彩是用水作为媒介实现着色的，水用来调节颜色的湿度和清洗画笔上残余的颜料，因此涮笔桶是画水彩画的重要工具；抹布是用来吸收画笔中的水分的，并能控制颜色的干湿度；水胶带是用来裱纸的，可以将水彩纸固定在画板上，防止水彩纸因为吸收水分多而变形褶皱，裱纸的方法如图 7–5 所示。这些工具的使用方法比较简单，但是缺一不可。

装裱画纸的方法：

（1）将水彩纸平铺于画板上，用大号的板刷沾满水均匀地涂于纸面上；

（2）将水胶带涂上水后压住纸边缘 1cm 宽度将水彩纸粘贴在画板上，先粘贴水彩纸的某一长边，再粘贴其对边，然后粘贴其余的边；

普蓝	群青	钴蓝	湖蓝	深绿	酞青绿	草绿	淡绿
青莲	紫罗兰	玫瑰红	深红	大红	朱红		
生褐	熟褐	赭石	桔黄	土黄	藤黄	淡黄	柠檬黄
煤黑	白						

图 7–3

图 7-4（上）
图 7-5（下）

（3）用抹布吸收画纸上的剩余水分，然后移开抹布，不要用抹布在纸上反复擦拭，以免破坏纸面；

（4）待水分蒸发完，纸面会变得干爽、平整，就可以作画了。

7.2 水彩画表现技法

水彩作为以“水”和“彩”为特点的画种，水和彩构成了水彩画语言的基础，借助水和彩的相互作用，使画面产生独特的具有活泼的、偶然的、诗一般的艺术效果和情感意境。由于水彩颜料的透明性，使水彩具有了独特的审美特征和美学效果。水彩画以透明、流畅、轻盈、水色交融为特点，色彩在水的作用下相互流淌、渗化、衔接、冲撞，这也是水彩画的重要标志。水彩画的形成是由水分、时间和色彩三个重要因素来决定的。

水彩颜料与水结合可以呈现出各种不同的效果，因此水彩画技法也是多种多样，在颜料上最常用的技法有干画法（重叠法）、湿画法（渲染法）、接色法等，在用笔、水分的掌控上也都有技巧需要掌握。

7.2.1 水彩的基本表现方法

1. 干画法

干画法又称重叠法，就是将颜色由浅入深，在前一遍着色干后，一层层重叠颜色表现对象的方法。在技术上，要在第一遍颜色干了之后，再依明暗顺序加上第二遍、第三遍，色彩在多次重叠之后，可以产生明确的立体感、空间感及笔触意味。在画面不同的位置涂色层数也不相同，有的地方一遍即可，有的地方需两遍、三遍或更多，但不宜遍数过多，以免色彩灰脏失去透明感（图 7–6）。

图 7–6（上）
图 7–7（下）

2. 湿画法

湿画法又称渲染法，是将水彩在湿润的纸面上染化，形成精彩而特殊润染效果的画法，跟重叠法正好采取相反的技巧，渲染法的效果呈现出朦胧、湿润、柔和、渗透、模糊、界定不明的效果，在水彩画中，最能表现出淋漓尽致、畅快自然、柔和优美的感觉。渲染的成败，取决于短时间内水分湿度的控制。

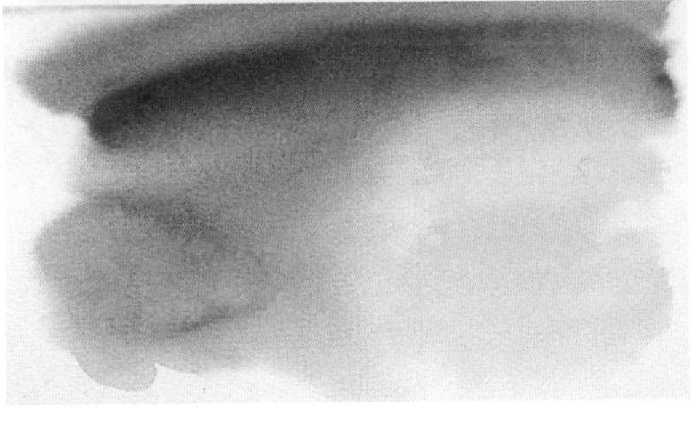

在渲染画面时，画板最好以倾斜的角度放置，纸质要好，水量要控制得当。先将画纸用大号羊毫笔或板刷用水刷湿，或直接浸于清水中，等湿度达到一定程度时，再蘸颜料着色，不同颜色的颜料会在水中相互扩散、渗透，产生晕染的效果，最易于表现雾气迷漫、烟雨朦胧的效果与气氛。湿画法也可以根据需要趁湿将另一个颜色重叠在前一遍颜色之上，产生与渲染类似的效果（图 7–7）。

3. 接色法

接色法是将描绘对象相邻的部位颜色连接在一起的方法，通常分为湿接法与干接法。

湿接法可分为湿的重叠和湿的接色两种。湿的重叠是将画纸浸湿或部分刷湿，未干时着色和着色未干时重叠部分颜色。这种接色方法与湿画法属于同种方法。湿的接色是邻近的颜色未干时接色，水色流渗，交界模糊，表现过渡柔和色彩的渐变多用此法。接色时相接的两个颜色水分含量要一致，否则，水分多的颜色会向水分少的颜色处流淌，产生不必要的水渍（图 7–8）。

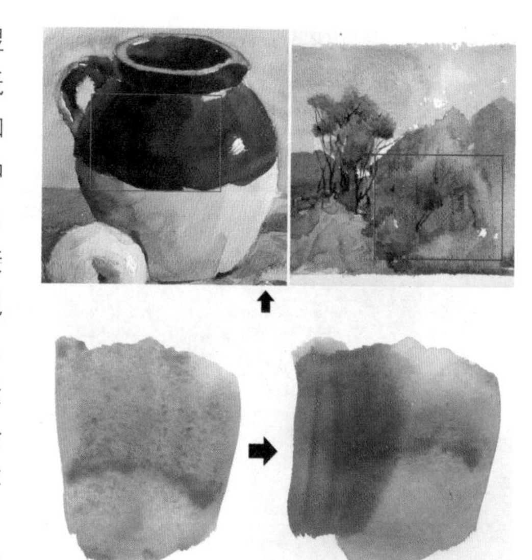

图 7–8

干接法是在邻接的颜色蒸干后在其旁边直接涂色或略有重叠，色块之间不相互融合，每块颜色本身也可以湿画。这种方法的特点是表现的物体轮廓清晰、色彩明确（图 7–9）。

画水彩大都干画、湿画结合进行，湿画为主的画面局部采用干画，干画为主的画面也有湿画的部分，干湿结合，表现充分，浓淡枯润，妙趣横生。

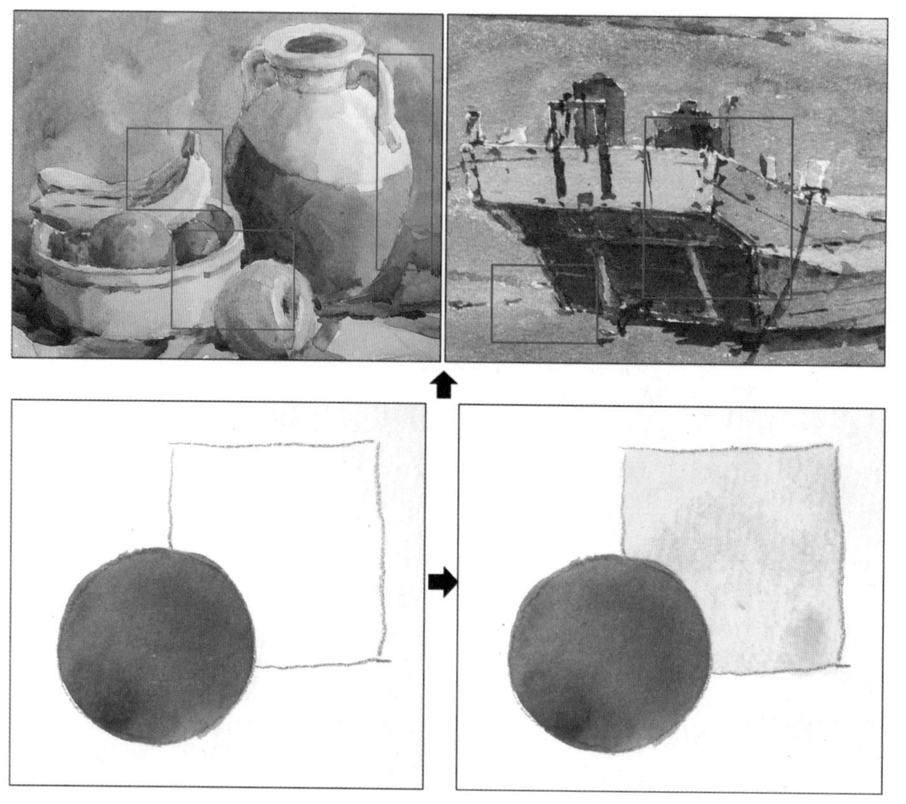

图 7–9

7.2.2 水分与用笔

1. 水分的掌控

水分在画面上有融合、渗化、流淌、蒸发的特性，充分发挥水的作用，是画好水彩画的关键因素之一。作画时要掌握水分蒸发的时间，这与作画环境中的空气的湿度、温度及画纸的吸水程度有着密切的关系，因此作画时要把握以下几点。

第一，在进行湿画时，时间要掌握得恰如其分。叠色太早、太湿，由于水分太大，颜色晕染速度太快，易失去物象应有的形体，叠色太晚，底色将干或已干时，水色不易渗化，衔接生硬，达不到湿画的目的。一般在重叠颜色时，要注意笔头含有的水分与颜料之间的比例，通常颜料成分比重要大，而水分要少，这样又能把握形体，又不影响水色交融的效果。如果重叠之色较淡时，要等底色稍干再进行。

第二，空气的湿度与温度是影响水分蒸发速度的一个重要因素。一般在空湿度较大或温度不高的室内或在阴雨天气的户外作画时水分蒸发得较慢，此时作画用水要少；在干燥或温度较高的环境里作画时，水分蒸发快，要多用水，同时作画速度也要加快，此时不适合画长期作业。

第三，画纸的吸水程度也影响着作画进程。作画时要根据纸的吸水速度掌握用水的多少，一般画纸吸水慢，则用水少；画纸吸水快，则用水多。

2. 用笔方法

水彩画用笔变化多端，基本用笔与水和色的含量是紧密相关的。水多色少、色多水少或水色适中，都影响着每一笔画出的效果。用笔效果是通过笔触传达出来的，大面积涂色和湿画法涂色时，水分的渗化会将笔触隐没，笔触感觉比较含蓄；干画法或颜色较干时作画，笔触清晰可见，应注意笔触的变化要丰富。

7.2.3 水彩画的其他技法

以下介绍几种水彩画的特殊技法，在作画中能够得到一些特殊的效果，但并非主要技法，建议初学者暂不使用，因为一幅好的画面不是靠特殊效果获得的，而是在具备基本的表现技法基础上，以和谐的色调、丰富的色彩、完善的色彩关系以及深厚的造型能力来获得的。

1. 刀刮法

用一般的刀片在着色的先后在纸面上刮划，破坏纸面的原有纹理而使画面产生特殊的肌理效果。这是一种表现特殊效果的方法，多用于表现粗糙质地的物象。

2. 遮挡法

用遮盖剂或蜡笔，着色前涂在指定部分。着色时尽可大胆运笔，被遮挡之处自然空出。用以描绘稀疏的树叶、夜晚的灯光、纤细的花枝等都比较得力。

3. 吸洗法

使用吸水纸（过滤纸或生宣纸）趁着色未干吸去颜色。根据效果需要，吸的轻重、大小可灵活掌握，也可吸去颜色之后再次重叠淡彩。这也是一种制造肌理效果的方法，可使画面别具味道。

4. 喷水法

在着色前先喷水、在颜色未干时喷水都可以使画面产生意想不到的效果，这种效果是水彩画专有的，充满水的气氛与意境。喷水一般用喷壶，宜选用喷射雾状的，水点过大容易破坏画面效果。

5. 撒盐法

颜色未干时撒上细盐粒，干后出现像雪花般的肌理趣味。撒盐时，应视画面的干湿程度，撒盐过晚会失去作用。盐粒在画面上要撒得疏密有致，不能随便乱撒。

7.2.4 任务 8 水彩画技法实践

目的：了解水彩颜料的性质，基本掌握水彩画技法。

时间：140 分钟。

工具：水彩纸、水彩颜料盒、水彩颜料、水彩笔、涮笔桶等。

内容与步骤：

(1) 干画法实践；

(2) 湿画法实践；

(3) 接色法实践。

教学单元8　水彩静物与色彩的分解、重组训练

水彩静物造型训练包括水彩静物写生与临摹训练。色彩写生是提高色彩造型能力的主要途径，在写生中能够真正地认识形体、色彩和光的内在联系与变化规律，真正理解色彩的理论知识，达到熟练自如地运用色彩描绘物象的目标。水彩静物写生的同时要配有相应的临摹作业，临摹是提高造型能力的重要途径，在色彩造型训练中具有重要的意义，每次写生课下至少应临摹一张水彩作品。

色彩的分解与重组是将绘画色彩与构成色彩相结合的训练方式，即将写生画面中的色彩按照一定规则提取成平面色块，对提取结果经过分析与总结后再以默写的形式还原到画面中去的过程。这种训练形式中蕴含着绘画与构成中色相对比、明度对比、纯度对比和冷暖对比的若干知识，又含有色调与色彩协调的知识，在实践中学生能够加深对色彩知识的理解，并能够大幅度提高色彩造型能力。

色彩分解与重组主要分为“静物色彩分解与重组”和“建筑景观色彩分解与重组”两部分内容，是与课上写生相配套的课下训练项目，是建筑造型基础训练课程的新型训练内容，也是较为科学的训练方式，训练将起到事半功倍的作用。

教学目标与计划

学时	教学目标和主要内容				
	任务名称	能力目标	知识目标	主要内容及说明	课下作业
4	任务9 单色水彩静物写生	掌握单色水彩画的作画步骤及方法	理解明度、素描关系及水彩技法	1.教师进行静物写生的讲解与示范； 2.学生静物写生实践； 3.教师指导	临摹单色水彩静物两张
4×2	任务10 水彩静物写生A	初步掌握水彩静物的作画方法与步骤	理解色彩的冷暖关系，明度、纯度对比关系	1.教师进行静物写生的讲解与示范； 2.学生静物写生实践； 3.教师指导； 4.静物色彩分解示范 说明： 1.静物A组写生对象为难度较低的静物； 2.静物色彩分解是与色彩写生A相配套的课下训练任务，教师需要在课上进行讲解与示范	1.临摹水彩静物两张； 2.任务11 静物色彩分解
4×2	水彩静物写生B	能够掌握基本的水彩静物的作画方法与步骤	进一步理解色彩的冷暖关系，明度、纯度的对比关系	1.听取任务汇报； 2.教师点评任务完成情况； 3.教师进行新任务的讲解与示范； 4.学生进行静物写生实践； 5.教师做本次写生总结； 6.色彩分解与重组示范。 说明： 1.静物B组写生对象难度适当增加； 2.静物色彩分解与重组是与色彩写生B相配套的课下训练任务	1.临摹水彩静物两张； 2.任务12 静物色彩分解与重组

续表

学时	教学目标和主要内容				
	任务名称	能力目标	知识目标	主要内容及说明	课下作业
4×3	水彩静物写生C	掌握水彩静物的造型能力	理解色彩的冷暖关系，明度、纯度、色相的对比关系	1.听取任务汇报； 2.教师点评任务完成情况； 3.教师进行新任务的讲解与示范； 4.学生进行静物写生实践； 5.教师做本次写生总结。 说明： 静物C组写生相对B组难度增大一些	1.临摹水彩静物两张； 2.任务12 静物色彩分解与重组
4×3	水彩静物写生D	掌握水彩静物的造型能力	理解色彩的冷暖关系，明度、纯度、色相的对比关系	1.听取任务汇报； 2.教师点评任务完成情况； 3.教师进行新任务的讲解与示范； 4.学生进行静物写生实践； 5.教师做本次写生总结； 6.建筑景观色彩分解与重组示范。 说明：水彩静物D组写生难度较高	1.临摹水彩静物两张； 2.任务13 建筑景观色彩分解与重组
2	任务11 静物色彩分解	通过训练达到能够将静物色彩转化为平面色彩的能力	1.深刻理解明度、冷暖、纯度的关系； 2.理解明度、冷暖、纯度在色彩静物绘画中的应用规律	1.教师指定一张静物图片做静物色彩分解示范； 2.将图片中每个形体亮灰暗面的色彩提取出来，每个形体的色彩分别提取出5个层次，并用平面色块序列表现，色块大小为2cm×3cm； 3.对比提取出的色彩，总结明度、冷暖、纯度之间的关系。 说明：该任务是与水彩静物写生相配套的训练，主要在课下完成	两张
2	任务12 静物色彩分解与重组	通过训练达到能够将绘画色彩与平面色彩相互转化的能力	1.理解明度、冷暖、纯度的关系； 2.理解明度、冷暖、纯度在色彩静物绘画中的应用规律； 3.掌握色彩静物色调控制方法	1.将静物图片色彩分解； 2.按照图片构图用铅笔在纸上起稿，画出物体轮廓与结构； 4.将分解出来的色彩添加到相应的物体轮廓中，以默写的形式表现出该组水彩静物； 5.比较默写出来的作品与图片的差别； 6.总结色彩塑造静物形体的基本用色规律。 说明：该任务是与水彩静物写生相配套的训练，主要在课下完成	两张
3	任务13 建筑景观色彩分解与重组	1.能够将绘画色彩与平面色彩相互转化； 2.能够将客观色彩转化成主观色彩	1.理解明度、冷暖、纯度的关系及其在绘画中的应用规律； 2.掌握客观色彩转化成主观色彩的规律； 3.了解建筑景观色彩表现方法	1.教师指定一张建筑景观图片做建筑景观色彩分解与重组示范； 2.将每张图中主要造型元素的形体归纳为几何形体，并以结构素描的形式表现出来； 3.将图中主要造型元素的色彩由亮到暗分别提取出3～5个层次，用色块序列表现，色块大小为2cm×3cm； 4.将分解出的色彩添加到相应的几何形体中，再将几何形体组合成建筑图； 5.分析建筑景观色彩的特点。 说明：该任务在课下完成	两张

8.1 单色水彩静物写生训练

单色水彩静物写生实际就是用水彩颜料画素描，目的是让学生了解水彩颜料、水彩纸的性质，熟悉其他工具的使用方法和体验水彩画基本技法，掌握明度等级的控制方法与明度对比关系。练习中要着重掌握水彩水分的控制与明度等级表现的方法。

8.1.1 单色水彩静物写生的方法与步骤

1. 起稿

用 HB ～ 2B 铅笔根据静物构图（图 8–1）将物体轮廓、明暗交界线及基本结构用线条在水彩纸上表现出来，注意构图的均衡与匀称。

起稿的铅色根据物体颜色轻重而定，浅色物体铅色不要画太重，尤其是明暗交界线不宜过重，因为水彩颜料的透明性会导致其不能充分地将过重的铅色覆盖，铅笔痕迹裸露，影响画面效果（图 8–2）。

2. 着色（铺大色）

与素描一样，画水彩画也要先给画面建立一个整体关系。

（1）选择一个明度较低的颜色（普兰或熟褐与黑色配合使用），先从画面最后面的环境（背景）即空间中的最远处画起，因为这个部分一般要处理得比较“虚”，水气较重，有利于画面空间的表现。由于画面背景面积比较大，所以要用大号的画笔或板刷着色，调色时要调出大量、充足背景色以便一气呵成，背景色不宜太重，用湿画法较为合适（图 8–3）。

（2）画体物时，先从颜色最重的物体开始依次铺出各个明度的物体明暗关系。首先从罐子亮部开始大面积着色，颜色水分适中避免流淌，注意保留高光的位置（图 8–4）。

从上至下
图 8–1
图 8–2
图 8–3
图 8–4

接下来趁湿画出其他层次颜色，最后画最重的颜色，调重色时水分要少，颜料含量要高一些（图 8–5）。此时罐子口周围的颜色还未干，如果马上对其着色，颜色会向周围扩散，产生破坏性的效果，所以罐子口暂时保留不画，此时可以画水果。

先调出明度较高的颜色画水果亮部，注意水果明度与罐子明度的对比，趁湿画水果其他层次。先画距离罐子较远的水果，再画与罐子相叠的水果，因为这时罐子的颜色有可能未干，先画与罐子相叠的水果容易造成罐子的颜色向下流淌与水果颜色相融（图 8–6）。铺完水果颜色，着罐子口的颜色，然后铺出白色衬布的大块颜色及白布上的投影，亮部留白，最后铺出另外一块明度较低的衬布颜色（图 8–7）。

3. 深入刻画

按照开始铺色的顺序，逐一刻画物体及衬布的细节，注意技法上要采用干湿结合的画法，衬布不宜刻画过细。这个阶段不宜大面积渲染，用笔要果断，尽量避免用笔在一个位置反复拖沓，出现水渍效果。至此，单色水彩写生基本完成（图 8–8）。

4. 整理（完成）

以上步骤完成后要检查画面存在的不足之处，适当调整（图 8–9）。

从上至下
图 8–5
图 8–6
图 8–7
图 8–8
图 8–9

8.1.2 任务9 单色水彩静物写生

目的：1. 掌握绘画工具的使用方法及水彩画基本技法；

2. 掌握单色水彩静物的作画步骤及方法。

时间：120 分钟。

工具：水彩纸、水彩颜料盒、水彩颜料、水彩笔、涮笔桶等。

内容：罐子一个、水果三个、深色衬布一块、浅色衬布一块。

课下作业：临摹单色水彩静物两张。

单色水彩静物临摹与赏析作品

8.2 水彩静物写生训练

8.2.1 水彩静物写生方法与步骤

初学者练习水彩画一般要遵循先画亮色、后画暗色，从上到下、从左到右的顺序进行着色，按照先整体、后局部的方法刻画，这样有利于顺利地完成一幅水彩画面。

1. 起稿

用 HB ～ 2B 铅笔根据静物构图（图 8–10）将物体轮廓、明暗交界线及基本结构以线条的形式在水彩纸上表现出来，注意构图的均衡与铅色的控制（图 8–11）。

2. 着色（铺大色）

先铺出画面大体颜色，为画面建立整体关系。与单色水彩画法一样，铺大色时要讲究铺色的顺序。

（1）先从画面最后面的背景即空间中的最远处画起，用大号的画笔或板刷调出大量的背景色彩涂于指定位置。涂色时注意色彩的明度变化和冷暖变化，用笔要果断，衔接要及时（图 8–12）。

（2）画体物时，先从颜色最重的物体开始画起，然后画纯度比较高的物体，最后画纯度较低、明度较高的物体。

1）罐子与酒瓶（图 8–13）

从罐子亮部开始大面积着色，注意光源色与固有色的关系，亮部色彩要相对冷一些，在固有色中少量调入蓝色或紫色。接着趁湿画出其他层次颜色，最后画最重的颜色，调重色时水分要少，颜料含量要高一些，注意罐子背光处环境色的表现尺度。待与罐子口相邻的颜色已干时再画罐子口的颜色，防止产生湿接效果，此时可以画酒瓶的颜色。画酒瓶与画罐子的方法是一样的，可尽量采用湿画法一气呵成。由于此时颜色未干，商标的颜色稍后再画。

图 8–10（左）
图 8–11（中）
图 8–12（右）

图 8–13（左）
图 8–14（中）
图 8–15（右）

2）书本

书本在画面中所处的位置在后方，不宜画得太实，而书本封面的人物形象及背景比较夺目，若处理不当，容易“喧宾夺主”。所以画书本封面时一定要多采用湿画法概括地画，削减其视觉上的冲击力，尤其是人物面部更要画得简洁（图 8–14）。

3）水果与干花

画水果一般先画纯度高的，再画纯度相对低一些的，由亮部开始向暗部着色，干画法与湿画法结合。注意 a、b 处水果与衬布为互补色，不容易协调，应主观地画得暖些（图 8–15、图 8–16）。干花的枝叶和花朵要画得概括一些，画得太细容易影响整体的主次地位。c 处枝叶的绿色要画得暖些，使它与衬布颜色协调。画衬布时，仍然先从亮部开始平铺，再画暗部颜色与投影颜色，先画重色衬布后画亮色衬布（图 8–17、图 8–18）。

3. 深入刻画（图 8–19）

对画面每个物体逐一深入刻画，对主体物进行细致描绘。深入刻画时注意有些次要物体在第二步时已经一气呵成，无需再画，如背景、书本、酒瓶等。

4. 整理（完成）

深入完成后要检查画面存在的不足之处，适当调整（图 8–20）。

图 8–16（左）
图 8–17（中）
图 8–18（右）

图 8–19（左）
图 8–20（右）

8.2.2 任务 10 水彩静物写生

1.A 组写生

目的：(1) 理解色彩的冷暖关系，明度、纯度对比关系；

(2) 初步掌握水彩静物的作画方法与步骤。

时间：180 分钟。

工具：水彩纸、水彩颜料盒、水彩颜料、水彩笔、涮笔桶等。

内容：水彩静物 A 组写生是针对初学者设置的难度较低的训练题目，写生对象为色相比较分明的常规物体及衬布。

2.B 组写生

目的：(1) 进一步理解色彩的冷暖关系，明度、纯度对比关系；

(2) 能够掌握基本的水彩静物的作画方法与步骤。

时间：180 分钟。

工具：水彩纸、水彩颜料盒、水彩颜料、水彩笔、涮笔桶等。

内容：水彩静物 B 组写生相对 A 组难度增大一些，写生对象为色相比较分明的静物及衬布，色彩对比略强一些。

3.C 组写生

目的：(1) 理解色彩的冷暖关系，明度、纯度、色相的对比关系；

(2) 掌握水彩静物的造型能力。

时间：180 分钟。

工具：水彩纸、水彩颜料盒、水彩颜料、水彩笔、涮笔桶等。

内容：水彩静物 C 组写生相对 B 组难度增大一些。

4.D 组写生

目的：(1) 理解色彩的冷暖关系，明度、纯度、色相的对比关系；

(2) 掌握水彩静物的造型能力。

时间：180 分钟。

工具：水彩纸、水彩颜料盒、水彩颜料、水彩笔、涮笔桶等。

内容：水彩静物 D 组写生难度较大。

水彩静物临摹与赏析作品

8.3 色彩分解与重组训练

8.3.1 静物色彩分解与重组

1. 静物色彩分解

静物色彩分解是将写生实物（图片）中的每个形体亮灰暗面的色彩提取成平面色块，一般每个物体由暗到亮至少要提取出5个等级的色块序列，每个物体的色块等级在色相上是统一的，而明度、纯度、冷暖都是不同的，通过对提取出来的色块进行分析，可以增强对色彩造型知识的理解。学生做完这个实践要用文字进行书面表达，体会绘画中色彩的变化规律。静物色彩分解具体操作步骤如下：

（1）从本单元"色彩分解与重组素材"中选择一张静物图片，将图片中每个形体亮灰暗面的色彩提取出来，每个形体的色彩分别提取出5个等级并用色块序列表现，色块大小为2cm×3cm（图8—21a）；

（2）检查分解出的各个色块是否表现准确，适当调整；

（3）用文字说明色彩静物绘画中色彩明度、纯度、冷暖的变化规律。

2. 静物色彩重组

静物色彩重组是静物色彩分解的后续环节，就是将分解出来的颜色重新套回到静物形体中，从而以默写的形式完成一幅水彩静物作品，具体如下：

（1）用铅笔在纸上起稿，画出物体轮廓与构图；

（2）将分解出来的色彩按明暗关系，添加到相应的轮廓中，运用水彩画技法表现出该组静物画（图8—21b）；

（3）比较默写出来的作品与实物的色彩差别；

（4）总结色彩塑造静物形体的基本用色规律。

3. 任务11　静物色彩分解

目的：（1）理解明度、冷暖、纯度在色彩静物绘画中的应用规律；

（2）达到能够将静物色彩转化为平面色彩的能力。

(a)　(b)

图8—21

时间：100 分钟。

工具：水彩纸、水彩颜料盒、水彩颜料、水彩笔、涮笔桶等。

内容：该任务是与水彩静物写生 A 相配套的训练，主要在课下完成。

图 8-22

4. 任务 12　静物色彩分解与重组

目的：(1) 理解明度、冷暖、纯度在色彩静物绘画中的应用规律；

(2) 掌握色调控制方法，达到能够将绘画色彩与平面色彩相互转化的能力。

时间：180 分钟。

工具：水彩纸、水彩颜料盒、水彩颜料、水彩笔、涮笔桶等。

内容：该任务是与水彩静物写生 B 组、C 组相配套的训练，主要在课下完成。

8.3.2 建筑景观色彩分解与重组

1. 建筑景观色彩分解与重组的方法与步骤

建筑景观色彩分解与重组的过程和静物色彩分解与重组的过程基本相同，只是分解与重组的对象发生了改变，分解对象不是一幅画面，而是一个实物照片，因此实施难度也随之增加。这种训练形式旨在提高学生对客观色彩向主观色彩的转化能力，同时训练题材更接近建筑设计专业造型，能够提高学生专业造型能力和色彩设计能力。

建筑景观色彩分解与重组具体过程如下：

(1) 从本单元“色彩分解与重组素材”中选择一张景观图（图 8-22）；

(2) 将图中主要景观造型元素归纳为几何形体，并以结构素描的形式表现出来（图 8-23）；

(3) 将图中主要景观造型元素的色彩由亮到暗分别提取出 3 ~ 5 个层次，用色块序列表现，色块大小为 2cm × 3cm，根据提取出的颜色，为相应的几何形体着色（图 8-24）；

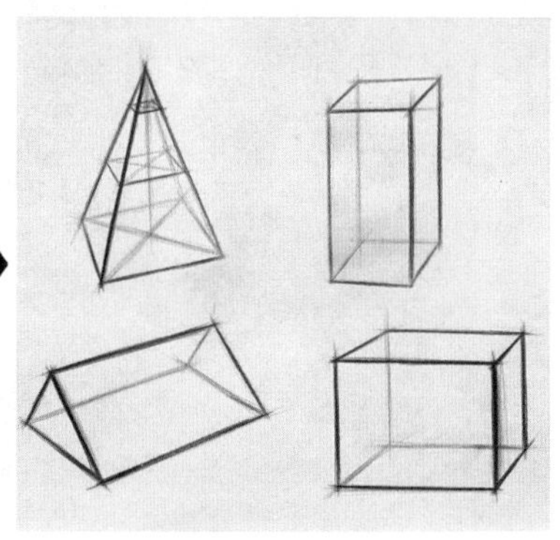

图 8-23

图 8–24

(4) 用铅笔将景观图以线描的形式表现出来，然后根据提取出的色彩和形体为画面着色（图 8–25）；

(5) 分析景观色彩的特点。

2. 任务 13　建筑景观色彩分解与重组

目的：(1) 能够将绘画色彩与平面色彩相互转化；

(2) 能够将客观色彩转化成主观色彩；

图 8–25

(3) 了解建筑色彩表现方法。

时间：180 分钟。

工具：水彩纸、水彩颜料盒、水彩颜料、水彩笔、涮笔桶等。

内容：该任务是与水彩静物写生 D 组相配套的训练，主要在课下完成。

色彩分解与重组素材

黑白铁
专热风锅
业管道保温

教学单元9　水彩风景造型训练

水彩风景造型训练包括水彩风景临摹与风景写生。水彩风景造型训练是建筑设计专业建筑造型基础课程的常规训练项目，主要选取以建筑为主的景物作为写生对象。在写生中，学生能够充分接触到建筑与自然景观造型，能够更为全面地提高专业造型能力。水彩风景造型训练是将色彩静物写生、色彩的分解与重组的知识和能力综合运用并发挥的训练过程。与水彩静物相比，水彩风景中的光、造型、色彩及环境等发生了变化，在写生中要通过理性的观察与分析，掌握户外光与环境的变化给物体塑造带来的影响，同时要经过临摹进一步提高水彩风景画的表现方法。

教学目标与计划

学时	教学目标和主要内容				
	任务名称	能力目标	知识目标	主要内容及说明	课下作业
4×2	任务14 水彩风景写生A	能够比较准确地表现出水彩风景画的色彩及空间关系	掌握水彩风景技法、构图方法、水彩风景绘画步骤	1.教师进行讲解与示范； 2.学生进行任务实践； 3.教师写生指导； 4.教师做本次任务总结； 说明：该组任务训练对象为以建筑为主的近景写生	临摹水彩风景画两张
4×2	水彩风景写生B	能够准确地表现出水彩风景画的色彩及空间关系	掌握水彩风景技法、构图方法、水彩风景绘画步骤	1.教师进行讲解与示范； 2.学生进行任务实践； 3.教师写生指导； 4.教师做本次任务总结； 说明：该组任务训练对象为以建筑为主的中远景写生	临摹水彩风景画两张

9.1 水彩风景的表现方法

9.1.1 风景画的构图

1. 取景

在进行风景画写生时，画面的主体处在什么位置，主体与周围环境具有怎样的关系，这些都直接影响着构图与画面效果，因此我们要先学会取景。根据作画者距离景物的远近或作画者视野所及范围的大小，一般分为远景、中景和近景三种取景模式（图 9–1）。远景，一般整体景物距离画者比较远，作画者选取景物的视野范围要大一些；近景，即作画者选取景物的视野范围比较小，与景物之间的距离也比较近；中景则介于远景和近景之间，视域适中。在这三种模式中又都存在远、中、近的景物层次，这对画面空间的营造是很重要的（图 9–2），图 9–2 中 a、b、c 处分别为该图的近、中、远景。

取景时要努力摄取现实景物中对画面有利的对比关系，比如明暗、冷暖、疏密、大小、高低、虚实、远近、动静、强弱等，充分利用和组织这些现有的

图 9-1

元素能够使画面构图和效果更加完善。总之，景物的对比关系要丰富，画面才可能更加完美。

地平线的高低与要表现的主体有着密切的关系，如果以表现天空为主，取景时地平线要降低一些；如果以表现地面景物为主，地平线则要适当提高，以保证画面有足够的空间容纳地面景物（图 9-3）。取景时一般不宜将地平线或画面实景最高点设置在画面 1/2 处，尤其是地平线以上没有景物时，画面会有下坠感（图 9-4）。以上讲述的关于地平线位置的经验并不是绝对的，在画家创作过程中有时为了达到某种意境，可以打破上述界定，但对于初学者来说，参考上述经验构图是很有利的。

取景的角度也很重要，以建筑为主体的取景应该尽量较为经典的角度，要同时能够看到能反映出建筑物整体体积的两个大面，并且两个面的比例要有区别。在写生中，选择取景角度时常常会遇到“顾此失彼”的情况，即主体角度好，而其他衬景的角度则不尽人意。这时，要学会主观的“变通”，在画面上适当改变现实衬景的角度，让画面更美观。

2. 布局

布局就是将景物合理有序地安排在画面中，使主次得当，让画面自然生动。布局首先要将画面景物合理定位，一般采取九宫格定位法，又叫作黄金分割法。在画纸纵横两个方向上各画两条等分线，形成九宫格，每条分割线的交点就是黄金分割点，将景物中的主体置于黄金分割点上或挂靠在黄金分割线上，都可以使主体突出并使画面构图协调、有序（图 9-5）。

3. 均衡与稳定

风景画与静物画构图一样，都需要均衡与稳定感，其原理与静物构图的原理是一致的，都是在布局上追求量感的均匀，以达到视觉上的平衡与稳定。

图 9-2（左）
图 9-3（中）
图 9-4（右）

而风景画中的构图元素往往比静物复杂得多，在画面的平面布局上要注意点、线、面位置对整体平衡的影响，它们之间存在着相互联系与对比关系，既要保证主体的突出，又要做到均衡平稳。一般决定画面稳定的因素是画面中的重色块或主体物以面的状态存在于什么位置、占多大面积，同时色块的纯度、冷暖也影响着平衡关系。一般颜色重、纯度高的色块量感较大，颜色轻、纯度低的色块量感较小。一个平衡的画面必须有一个面积相对较大、较重的色块或形体位于画面某个位置，它产生的"量"的绝对优势稳固着画面，同时在画面其他位置必须有面积较小的重色块或形体以点的状态存在与其相呼应并产生对抗，使画面达到平衡（图 9–6）。

图 9–5（上）
图 9–6（中）
图 9–7（下）

图 9–6 中，画面圈黑框的 1、2、3 处是决定画面平衡的主要因素，它们之间的对抗关系使画面产生均衡、平稳的视觉感受。1 处是画面面积最大的重色块，宽度超过了整体的 1/3，稳稳地压住画面右侧。在画面左侧的 2 和 3 的位置分别是两个小面积的重色块，它们的存在与右侧的 1 处相呼应并且抗衡，将画面左侧压住。虽然 2 和 3 的面积总和不如 1 大，但是因为 2 的颜色更重一些，3 的纯度高一些，使它们的量感增加了，同时 2 和 3 距离 1 较远，所以画面左右两侧在量感上比较接近。若非如此，画面重心就会偏向右侧，失去平衡感（图 9–7）。除此之外，画面左侧的三棵树以线的状态存在于画面中，对均衡与稳定也起到了重要的作用，因为右侧的 1 处建筑较高，左侧 2、3 处景物虽然在量感上与其达到了平衡，但高度上还缺乏呼应，而左侧的三棵树的出现弥补了这一缺陷，使画面平衡感与稳定感得到增强。

我们在写生中选择写生对象时要以景物形成的自然构图为主要依据，自然的景物往往是浑然天成的、具有画面内在组织的，而构图的法则更适合我们去调整和纠正自然景物中的不足。

4. 对比与节奏

对比和变化是使画面产生节奏感的重要条件。构图中通过点、线、面的重复、疏密、大小、多少等排列形成对比关系，让画面产生节奏感并富有韵律（图 9–8）。

图 9–8（上）
图 9–9（下）

图 9–8 中，圈蓝框的 A、B、C、D 处景物是画面构图的主体，由于面积不同、大小不同、距离不同而存在着疏密、大小和高低的对比，四者间没有按由大到小或由小到大的顺序排列，避免了阶梯式秩序的呆板效果，丰富了节奏；B 与 A 的大小对比虽然强烈，但 B 下面的行人比较紧密，而 A 下面的行人却比较稀疏，这样便形成了“小而紧”与“大且松”的对比关系，即 A、B 两处在大小对比的同时又存在疏密、多少的对比关系，这样的交叉对比使画面极具节奏感；由于 A 处面积比较大，B、C、D 三处共同作用于画面左半部分与 A 处抗衡，使画面整体节奏更为明确，主要表现在形体高低的对比上，B 与 C 都比较低，而 D 处较高树木使画面张力与韵律得到加强。

5. 空间

构图时一定要注意画面主体物周围的空间问题。主体物是需要背景与其周围的附属物衬托的，若把主体物周围的琐碎物体安排多了，画面会显得太满、太乱、不分主次、杂乱无章。

9.1.2 风景画的构图形式

风景画的构图形式多种多样，常见的构图形式主要可以分为独体式构图、水平式构图、柱式构图、向心式构图与均衡式构图。

1. 独体式构图

风景画中的独体式构图一般是为了集中表现某一主体景物，画面简洁、主体突出，衬景很少，视觉集中，取景较近。这种构图很容易被掌握，但很少用于大型创作（图 9–9）。

2. 水平式构图

“水平式构图”顾名思义，画面景物以水平线方向排列，天空与景物的界限呈现水平线状态，给人以平和、安静的感觉。如辽阔的草原、平整的建筑、大地、平静的水面等，水平式构图在风景画创作中应用较多，容易给画面增加静谧气氛与意境（图 9–10）。

3．柱式构图

柱式构图画面景物多呈现出柱式形态（高度大于宽度），直立于画面，或单独或群集，具有较强的形式感。柱式形体具有极强的张力，能给人带来雄伟、挺拔的气势感，并具有一定的抽象意味，描绘高大的建筑、树木的画面往往会形成这样的构图形式（图 9–11）。

4．向心式构图

向心式构图是由画面景物的透视以及排列方式决定的，多用于描绘街景建筑。由于街道左右两侧建筑群发生“近大远小”透视的原因，构图框架会形成 X 形交叉的线状形态，所有透视线都会向着一个心点聚集，形成向心的构图（图 9–12）。这种构图除了用于表现道路两旁的建筑物也可以用来表现道路两旁成排的树木。

5．均衡式构图

均衡式构图画面没有固定的几何框架和排列走势，主要通过画面左右两边的景物形状、大小、颜色、数量、位置，排列节奏的对比关系达到视觉的均匀与平衡。均衡式构图给人以自然的平稳感，是风景画中最普遍、最常用的构图形式（图 9–13）。

均衡式构图是比较综合的构图形式，需要对画面的点线面关系进行

图 9–10（上）
图 9–11（中）
图 9–12（下）

图 9–13

统筹，是最能体现构图修养的构图形式，而它又是一种宽泛的形式，对画面的组建方式没有固定的限制，很多时候要从实践中去总结经验与方法。

9.2 水彩风景写生

9.2.1 水彩风景写生的步骤

水彩风景写生的方法与静物写生的方法基本相同，一般要遵循先画亮色、后画暗色，从上到下、从左到右着色，先整体、后局部的方法。步骤如下：

1. 起稿

用 HB ～ 2B 铅笔将物体轮廓、明暗交界线及基本结构表现在水彩纸上，注意主体物的细节表现与远处景物的概括表现（图 9–14）。

2. 着色（铺大色）

（1）先从画面中面积较大的色块画起，一般是从天空开始，调出大量的天空色彩用湿画法涂于指定位置，用笔要果断，衔接要及时。

（2）以湿画法画出与天空相接的远景。趁天空颜色未干时铺出远景的色彩，让天空颜色与景物颜色有一定程度的交融，使远处景物边缘线虚化，这样可以造成深远的空间效果和气氛（图 9–15）。

（3）逐渐向下、向右铺出近处的景物色彩，注意干湿画法的交替运用和景物亮部与暗部之间的衔接关系（图 9–16 ～图 9–19）。

3. 深入刻画

（1）以干画法为主画出每个物体的细节，丰富色彩层次，近处的色彩纯度与对比度要画得强烈一

从上至下
图 9–14
图 9–15
图 9–16
图 9–17
图 9–18

图 9-19（左）
图 9-20（右）

图 9-21（左）
图 9-22（右）

些，注意远近景的虚实对比关系（图 9-20、图 9-21）。

（2）最后将大树的枝叶表现出来，注意树叶表现要概括，树干色彩层次要富有变化（图 9-22）。

4. 整理（完成）

检查画面局部存在的不足之处，适当调整。

9.2.2 任务 14 水彩风景写生

1. 水彩风景写生 A

目的：（1）掌握水彩风景技法、构图方法、水彩风景绘画步骤；

（2）能够比较准确地表现出水彩风景画的色彩及空间关系。

时间：180 分钟。

工具：水彩纸、水彩颜料盒、水彩颜料、水彩笔、涮笔桶等。

内容：以建筑为主的近景写生。

课下作业：临摹水彩风景两张。

2. 水彩风景写生 B

目的：（1）掌握水彩风景技法、构图方法、水彩风景绘画步骤；

（2）能够准确地表现出水彩风景画的色彩及空间关系。

时间：180 分钟。

工具：水彩纸、水彩颜料盒、水彩颜料、水彩笔、涮笔桶等。

内容：以建筑为主的中远景写生。

课下作业：临摹水彩风景两张。

水彩风景临摹与赏析作品

学前班

10

教学单元 10　设计色彩造型训练

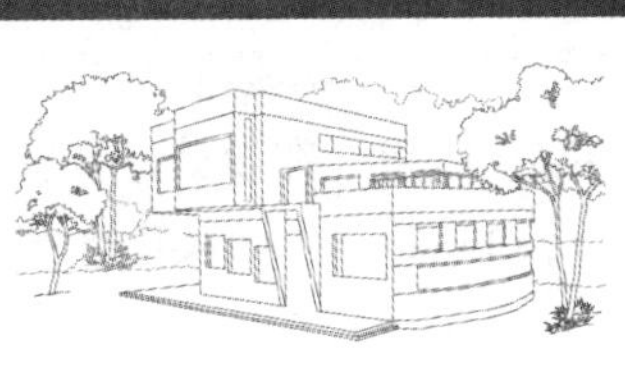

建筑设计专业造型基础训练的最终目的是由绘画走向设计表现，而掌握了绘画造型能力不一定就能顺利地进行设计表现，绘画与设计表现之间需要一个衔接过程。设计色彩造型训练成为这个衔接的桥梁，能够让学生更顺利地走向设计，更熟练地运用综合造型知识与能力进行专业设计。因此，设计色彩造型训练作为建筑造型基础的最后一个训练项目在整个课程中具有不可替代的作用。

教学目标与计划

学时	教学目标和主要内容				
	任务名称	能力目标	知识目标	主要内容及说明	课下作业
4×2	任务15 效果图色彩设计表现A	能够独立进行色彩设计	掌握色彩设计的方法与步骤	1.教师进行讲解与示范； 2.学生进行任务实践； 3.教师进行写生指导； 4.教师做本次任务总结。 说明：每次课结束后要求学生课下绘制画稿一张，用于下次上课	绘制效果图线稿一张
4×2	任务15 效果图色彩设计表现B	能够独立进行色彩设计	掌握色彩设计的方法与步骤	1.学生进行任务汇报与总结； 2.教师进行讲解与示范； 3.学生进行任务实践； 4.教师进行写生指导； 5.教师做本次任务总结。 说明：每次课结束后要求学生课下绘制画稿一张，用于下次上课	绘制效果图线稿一张

10.1　设计色彩概述

设计色彩，简单地说就是对设计对象的颜色进行设计。设计对象包括平面的、立体的，单色的、多色的，客观的和主观的，立体形象的色彩设计要符合客观规律，具有真实感，设计中要以色彩造型规律为基本原则，同时要富有艺术性的视觉效果。任何一种设计的最终目的都是应用，在设计过程中，通常都要将设计对象的效果图表现出来予以展示、评价与宣传，效果图色彩设计是表达其效果及评价效果好坏与否的重要因素。

设计色彩的目标方向是我们即将从事的专业设计，当我们的设计方案及基本的绘制工作完成时，需要为设计方案效果图施加色彩元素，让人看起来真实、自然、生动，具有视觉感染力和艺术效果。设计色彩所需要的知识与能力其实通过前面的单元训练我们已经掌握，只是在表现过程中需要将各部分知识进行整合，整个过程涵盖了透视、结构素描表现、构图、色调、色彩的协调与对比、色彩关系、色彩的分解与重组、风景画表现技法等方面的知识与能力，是对造型能力综合运用的过程。

10.2 设计色彩的方法

10.2.1 设计色彩的基本环节

建筑效果图色彩设计包括制图、色相设计、色调设计、表现等环节。

1. 制图

制图是为设计对象建立一个具体形象的过程，是素描造型知识与能力的运用过程，主要注意构图、透视与形体比例等问题。这个阶段要运用专业制图中的技术，不能像绘画起稿那样用笔，因为所描绘对象是一张效果图，要用效果图专用的手法来表现形体，线条要工整、精细、标准，画直线一定要用尺子，铅色要一致。

2. 色相设计

色相设计是为画面中的各个物体设计基本的色相，设计色相过程中要以风景写生中现实景物色彩为参考依据，再加以提炼、升华，使色彩效果生动。定色时要运用色相对比、明度对比、冷暖对比、纯度对比等色彩知识，要注意不同色相的合理搭配。

3. 色调设计

色调设计是一个重要的环节，是确定画面格调与气氛的过程。一幅绘画画面要有一定的格调，一幅效果图也要有一定的格调，画面是冷调还是暖调、是早晨还是黄昏、是阴雨还是晴天，这些都是影响画面格调的重要因素。这个过程涉及色调、冷暖关系、色彩的协调与对比、光与色的关系等综合知识的运用。

4. 表现

表现就是将设计好的色调和色彩表现于画稿上的绘制过程，也是最为关键的阶段。这一阶段决定着画面效果，既考查着作者的绘画能力，又检验着作者对水彩技法的驾驭能力。绘制时用笔要收敛，不能像画水彩风景那样随意、洒脱，要严格把色彩画到每个形体边缘线之内，颜色与边缘线不能有空隙。这一阶段并不是简单地把已经设计好的颜色添加到指定的轮廓内，而是在色调中将色彩进行协调与对比，使画面更具表现力。

绘制时不能完全依赖于绘画工具，要多运用效果图制作工具。比如描绘细节的笔可选用号码不等的叶筋笔，画小面积色块可用大白云、小白云等国画用笔。

10.2.2 色彩对比与情感因素的运用

色彩作为一种视觉反应，能够影响人的生理与心理，不同的色相、不同的冷暖能给人带来情绪上的变化，比如高兴、兴奋、悲伤、压抑、苦涩、甜蜜等的心理反应，这就是色彩的情感特征。进行色彩设计时要注意色彩情感对画面的影响，从整体色调的倾向到具体造型的色相都要考虑这一问题。为对象确定色相及建立色调时，要考虑表现主题、气氛在情感上的一致性。比如，对象的主题是海边别墅，本想为画面建立一个清凉、宁静、惬意的气氛，而画者为画面建立了一个暖色调，别墅色相选择了高纯度的红色，画面呈现出炎热、烦躁的气氛，这就与预期效果完全背离了，失去了应有的意境。因此在处理色彩情感问题时，要考虑不同色相、色调与主题的统一性。一般情况下要注意以下几个知识点。

1. 不同色相的情感特征

(1) 红色

红色是极暖的颜色，象征着热情、奔放、喜庆、吉祥、火热、积极，容易让人联想到火、血、喜事等事物。

(2) 绿色

绿色是一种中性色，象征着自然、生命、清新、平和、茂盛、生气，可以让人联想到草地、树、乡村、公园、春天等事物。

(3) 蓝色

蓝色是极冷的颜色，象征宁静、悠远、寒冷、和平等，可以让人联想到海洋、天空、极地等事物。

(4) 黄色

黄色是一种暖色，象征着富贵、丰收、光明、希望、财富，可以让人联想到阳光、秋天、人体、黄金等事物。

(5) 橙色

橙色是一种暖色，象征着收获、黄昏、明朗、快乐、力量，可以让人联想到饱满、华丽、甜美的事物。

(6) 紫色

紫色是一种中性色，给人印象深刻象征着神秘、忧郁、优雅、高贵、哀愁、梦幻，有时给人以压迫、恐怖的感觉，常让人联想到葡萄、牵牛花等事物。

2. “明度九调”的情感特征

详见 6.4.2 明度的协调与对比。

3. 色彩对比对气氛的影响

详见 6.4 色彩的协调与对比。

10.2.3 设计色彩步骤

1. 制图

(1) 将设计对象图稿用铅笔画在 4 开硫酸纸上；

(2) 将图稿透到 4 开水彩纸上，并利用绘图工具将图稿上建筑的线条矫正（图 10–1）。

2. 色相设计

为画稿上的每个物体及环境设计基本的色相，确定后将各个色相画在 8 开水彩纸左上方指定大小的方格内，并用文字标明是哪个物体的颜色，每个方格大小为 3cm × 2cm（图 10–2）。

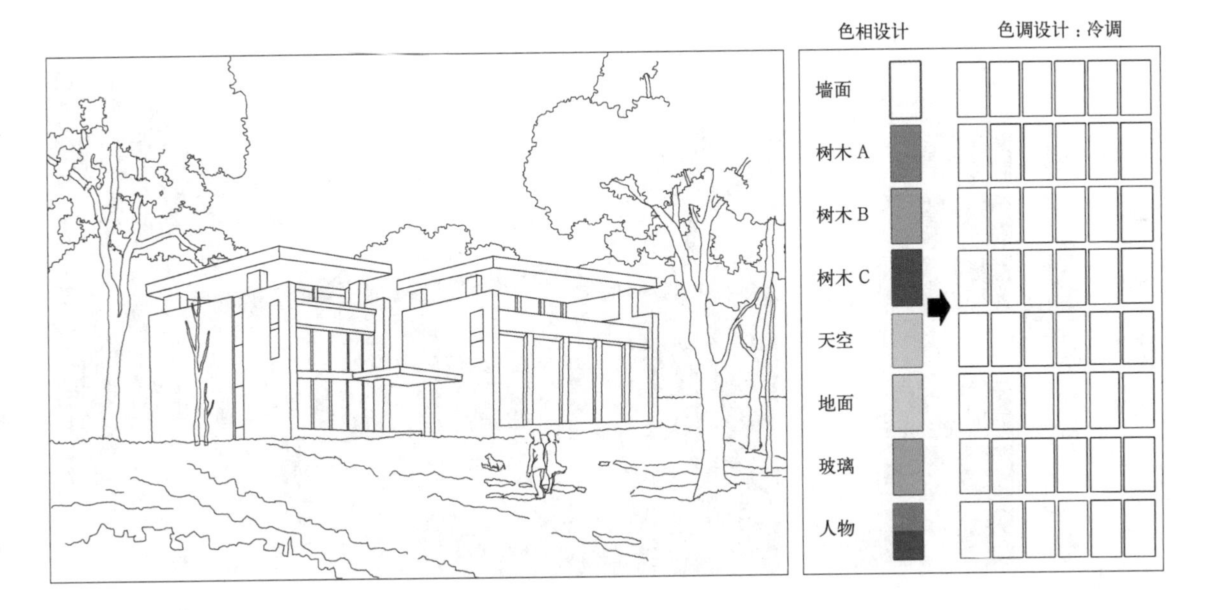

图 10-1（左）
图 10-2（右）

3. 色调设计

（1）根据画稿题目和作者设计意图确定画面色彩格调（冷调或暖调），注意色彩格调要与主题吻合；

（2）根据自己所确定的色调，在 8 开水彩纸上为每个色相建立 4 ~ 6 个不同明度、不同冷暖等级的色块，每个色块冷暖、纯度要按照色彩写生的规律和经验来设计，不可以脱离客观实际色彩变化（图 10-3）。

4. 表现

按照设计好的色彩，在 4 开画纸的画稿上着色，注意运用水彩画综合技法绘制画面不同位置的景物，天空要用湿画法均匀地晕染，建筑、树木等要干湿画法结合，细节刻画要精益求精（图 10-4）。

图 10-3

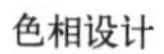

色调设计：冷调

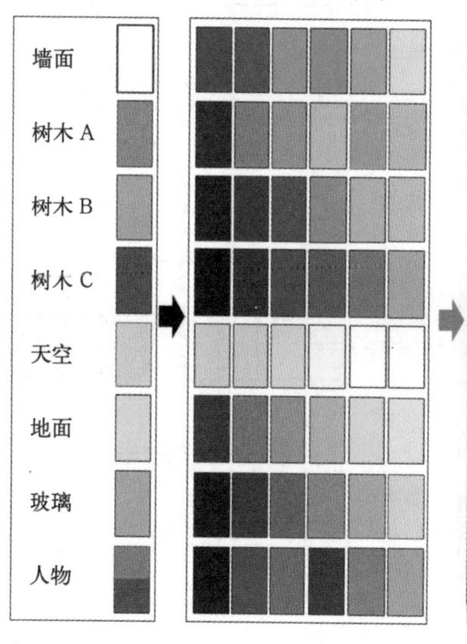

效果图表现

图 10–4

10.2.4 任务 15 效果图色彩设计表现 A

目的：(1) 掌握色彩设计的方法与步骤；

(2) 能够独立进行色彩设计。

时间：180 分钟。

工具：(1) 水彩画常用工具；

(2) 专业制图工具；

(3) 4 开、8 开水彩纸各一张，将 4 开水彩纸用水胶带裱在画板上；

(4) 叶筋笔两支、大白云毛笔一支，小白云毛笔一支；

(5) 4 开硫酸纸一张。

内容：选择一张效果图线稿，进行色彩表现。

课下作业：绘制画稿一张。

10.2.5 任务 15 效果图色彩设计表现 B

目的：(1) 掌握色彩设计的方法与步骤；

(2) 能够独立进行色彩设计。

时间：180 分钟。

工具：(1) 水彩画常用工具；

(2) 专业制图工具；

(3) 4 开、8 开水彩纸各一张，将 4 开水彩纸用水胶带裱在画板上；

(4) 叶筋笔两支、大白云毛笔一支，小白云毛笔一支；

(5) 4 开硫酸纸一张。

内容：选择一张效果图线稿，进行色彩表现。

课下作业：绘制画稿一张。

效果图线稿

后　记

《建筑造型基础》一书编写团队由具有长期授课经验的全国各高职院校建筑系造型基础课程教师组建而成，教材紧紧围绕实用性与高效性编写，以快速提高学生的造型能力、为专业设计服务为出发点，以打造“国内建筑造型基础教材之最”为编写目标，这里的“之最”译为“最实用”，在编写过程中我们始终为之而努力着。

在编写之初经过多次的论证而确定本书的结构形式与内容，在关于授课内容的论证中，我们反复推敲了一个重要的问题，即“绘画内容与构成内容的比例分配”问题，基于当前各高职院校建筑设计专业基础课程设置中，每个学校对两者的重视程度不同，在两者学时比例上各有轻重，这种情况多由各学校的教学传统不同而决定，但最终教学成果必然有优劣之分。经过调研和考察，我们将资料、数据进行整理分析后经过进一步讨论，最终形成了共识：绘画与构成都是建筑设计专业重要的基础课程，两者都具有不可替代的作用。绘画课程的目的在于培养学生的具体造型能力，直接应用于手绘表现，更具有时效性，即学即用，同时造型能力需要扎实稳固，长期受用；而构成主要培养学生的抽象思维能力和空间创造能力，并非短时间内可以掌握透彻，更需要在应用中体会与提高。因此，绘画课程课时应该大幅度高于构成课程。根据这个共识，本书在内容设置上形成了以绘画为主的格局。

本书在内容上有两个突出的创新之处，一是“造型（色彩）的分解与重组训练”，这是在长期的教学中摸索出的、更适合建筑设计专业学生学习的内容，尤其是“色彩的分解与重组”能够让学生在色彩的平面与立体相互转换过程中迅速理解色彩的含义，在短时间内提高色彩造型能力；二是“设计色彩造型训练”，这一部分是前面所有内容的升华，介绍了运用综合知识进行色彩设计的具体方法，能够让学生将绘画知识直接与专业设计相融合。

本书在编写的过程中虽反复斟酌、推敲，但百密难免一疏，加上时间仓促，书中难免有错漏和缺陷，敬请广大读者不吝赐教，使之更加完善。

编者